安徽省高校科学研究项目资助出版

# 纯电动矿车
# 能量管理及节能技术

张 卫 著

合肥工业大学出版社

**图书在版编目(CIP)数据**

纯电动矿车能量管理及节能技术/张卫著 . --合肥:合肥工业大学出版社,2025
ISBN 978 - 7 - 5650 - 6757 - 0

Ⅰ.①纯…　Ⅱ.①张…　Ⅲ.①矿山运输-自卸车-电力动车-能量管理系统
Ⅳ.①TD562

中国国家版本馆 CIP 数据核字(2024)第 081034 号

## 纯电动矿车能量管理及节能技术

| | | | | | |
|---|---|---|---|---|---|
| 张　卫　著 | | | 责任编辑　王　丹 | | |
| 出　　版 | 合肥工业大学出版社 | | 版　次 | 2025 年 3 月第 1 版 | |
| 地　　址 | 合肥市屯溪路 193 号 | | 印　次 | 2025 年 3 月第 1 次印刷 | |
| 邮　　编 | 230009 | | 开　本 | 710 毫米×1010 毫米　1/16 | |
| 电　　话 | 基础与职业教育出版中心:0551 - 62903120 | | 印　张 | 8 | |
| | 营销与储运管理中心:0551 - 62903198 | | 字　数 | 139 千字 | |
| 网　　址 | press. hfut. edu. cn | | 印　刷 | 安徽联众印刷有限公司 | |
| E-mail | hfutpress@163. com | | 发　行 | 全国新华书店 | |

ISBN 978 - 7 - 5650 - 6757 - 0　　　　　　　　　　　　　　定价：48.00 元

如果有影响阅读的印装质量问题,请联系出版社营销与储运管理中心调换。

# 前　　言

　　面对日益严重的能源和环境问题，传统的燃油汽车因能耗高、污染严重正面临着日趋严峻的挑战。相比传统燃油汽车，纯电动汽车具有效率高、零排放等优点，在节能和环保方面有着不可比拟的优势。纯电动矿用自卸车（以下简称纯电动矿车）采用蓄电池作为能源装置，基本上能够满足车辆续驶里程的要求。但是，蓄电池相比燃油能量密度要低得多，因此，纯电动矿车不能像燃油汽车那样"挥霍"能源。此外，纯电动矿车作业时的高比功率和高比能量需求会对蓄电池带来较大的冲击，使其效率降低、寿命缩短。针对上述问题，本书提出在能源系统中加入超级电容组成蓄电池—超级电容复合能源，以发挥不同能源优势，这不仅能够同时满足纯电动矿车对比功率和比能量的需求，降低对蓄电池的冲击，延长蓄电池寿命，还能够提高车载能源系统效率，增加纯电动矿车的续驶里程。本书另一个重要研究内容即再生制动技术，其是纯电动矿车区别于传统矿车的重要特点，它能够回收车辆动能，提高车载能源利用效率，延长车辆续驶里程。本书是作者近年来在纯电动矿车领域研究工作的总结。该研究工作得到了北京科技大学机械工程学院张文明教授和杨珏教授的鼎力支持。张文明教授和杨珏教授是国内较早研究纯电动矿车的专家，正是在他们的指导下，作者开始了纯电动矿车能量管理和节能技术的研究，在此深表感谢！研究生王孙、程如宝也参与了本书的撰写工作，在此一并感谢！

　　本书的撰写和出版得到了安徽省高校科学研究项目自然重点项目（KJ2021A0880）、安徽省自然科学基金（面上）项目（2308085ME142）、安徽科技学院人才引进项目（RCYJ202002）、安徽省高校科学研究项目（自然科学类）（2023AH051858）、安徽科技学院校企合作项目：100W 燃料电池测试台研发（881619）等的资助。

作　者

# 目　录

# 1　概　　论

## 1.1　研究背景与研究意义

当前，汽车用油超过我国石油消耗总量的 1/3，占汽油总生产量的九成。2020 年，我国石油对外依存度高达 73.6%，据此估算，2030 年前后我国的石油对外依存度极有可能超过 80%。石油高度对外依存和世界石油未来供应不足将严重威胁我国的能源安全。同时，汽车在使用中产生了大量的污染物，汽车尾气已经成为空气颗粒污染物的重要来源之一，近年来严重困扰我国空气质量的雾霾，其主要来源之一就是汽车尾气，特别是燃油汽车尾气。因此，无论是从国家安全，还是从节能减排、减少环境污染角度来看，进行节能和环保型新能源电动汽车的研究和推广势在必行。

新能源汽车是一种采用新型动力系统，用电动机提供驱动力，完全或主要依靠新型能源驱动的汽车，主要分为三种：燃料电池汽车 FCEV（Fuel Cell Electric Vehicle）、混合动力汽车 HEV（Hybrid Electric Vehicle，包括插电式混合动力汽车 PHEV，Plug-in Hybrid Electric Vehicle），以及纯电动汽车 BEV（Battery Electric Vehicle）。目前，燃料电池汽车在技术和成本方面仍存在诸多问题，不适合大规模推广；油电混合动力汽车需要使用燃油，不能摆脱对石油的依赖，仍然存在尾气污染和噪声污染问题，是电动汽车发展进程中的中间产品；纯电动汽车使用电动机作为动力装置，用车载蓄电池或其他储能装置作为能源，有着传统汽车不可比拟的优势。从长远发展看，混合动力汽车势必为纯电动汽车所取代。我国国家标准《电动汽车术语》（GB/T 19596—2017）将上述新能源汽车归类为电动汽车。相比传统的燃油汽车，电动汽车具有效率高及低排放、噪声小（油电混合动力汽车）或者无排放、无噪声（燃料电池汽车、纯电动汽车）等特点。可见，发展电动汽车是解决当前所面临的能源和环境问题，以及保障我国能源安全问题的有效举措。

相比各类公路汽车，采矿业拥有世界上最大、最复杂的车辆，这类车辆一般采用大马力柴油机作为动力源，因其车身超宽超大，不能在正常道路上行驶，因此也被称为非公路矿用车，如矿用自卸车。矿用自卸车按车身结构可分为刚性矿用自卸车和铰接式矿用自卸车，实物如图 1-1 所示。

（a）刚性矿用自卸车

（b）55t 铰接式矿用自卸车

图 1-1 矿用自卸车

相比公路用汽车，矿用自卸车工作环境恶劣，行驶工况条件较差，露天开采现场如图 1-2 所示，一般有 6%～10% 的坡道，对车辆满载爬坡能力要求较高。现有矿用自卸车动力传动方式主要有机械传动和电力机械传动（电动轮）两种，其中机械传动方式结构复杂，零部件多，故障率高，其设计、生产和维修成本高、难度大，载荷过大时各机械传动部件很容易损坏。相比机械传动技术，电力机械传动矿用自卸车结构简单，大大减少了齿轮和轴承等易损机械部件的数量，故障率和维修率低；同时电动机特性使得其爬坡能力强，效率高，经济性能好，电动轮自卸矿车因此占据了大吨位矿用自卸车的主要市场。目前，超大吨位（100t 以上）的矿用自卸车一般都采用电力机械传动方式。但是，无论采用哪种传动技术，上述矿用自卸车均需要搭载大功率柴油机作为动力源，不能摆脱对石油的依赖，存在尾气和噪声污染，依然会有化石能源消耗和环境污染双重问题，直接导致矿山作业环境变差。

图 1-2　露天开采现场

我们分析现有矿用自卸车工作时的传动路线，可见其存在能量利用效率低和制动能量浪费现象。采用机械传动方式的矿用自卸车常用的传动路线如图 1-3 所示，传动路线为发动机—液力自动变速器—传动轴—主减速器/差速器—半轴—车轮。能量经柴油发动机将化石燃料的化学能转变为机械能，经过机械系统驱动车轮转动，但一部分能量浪费在液力变矩器和复杂的机械传动系统中。在制动时，能量全部以热量形式消耗掉。

采用电力机械传动方式的矿用自卸车的驱动结构如图 1-4 所示，其传动路线为发动机—发电机—整流器/逆变器—电动机—减速器—车轮。能量经柴油发动机将化学能转变为机械能带动发电机，通过发电机将机械能转变为电能，再通过电动机将电能转变为机械能驱动车轮转动，但能量经过多次转变后使用效率逐

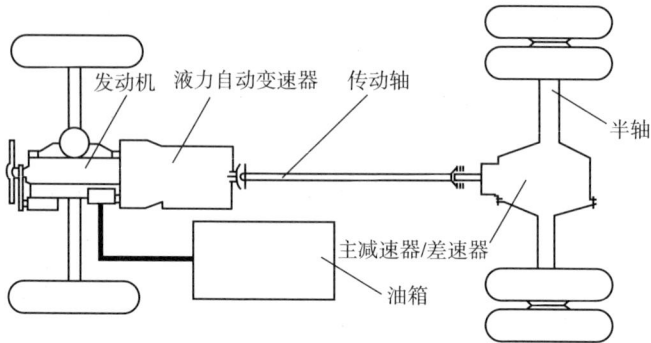

图 1-3 机械传动路线示意图

渐降低。在制动时，车辆动能通过机械制动器或者液力缓行器以热量形式流失，或者通过车轮逆向传递，将电动机用作发电机产生制动力矩进行制动，所产生的电能通过制动电栅以热能的形式白白浪费掉。

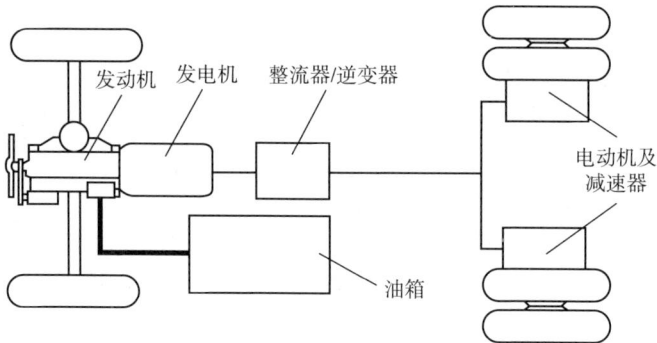

图 1-4 电动轮矿车驱动结构图

相较于前面两种以大功率柴油机为动力源的矿用自卸车，纯电动矿车以电动机作为动力装置，用车载蓄电池等储能装置作为能源，其传动路线如图 1-5 所示，传动路线为蓄电池—功率变换器—电动机—减速器—车轮。由其传动路线易知，纯电动矿车相比机械传动方式矿车，省去了复杂的机械传动系统，传动效率得以提高；相比电力机械传动方式的矿车，纯电动矿车能量直接由电能转变为机械能，只存在一次转换，因而能量利用效率得到提高。纯电动矿车相比传统燃油矿车具有结构简单、载重大、爬坡能力强（相比机械传动）、能耗和使用成本低、无污染、噪声小、操作简单、故障低、维修和保养方便等优点。纯电动矿车制动时，能够将电动机用作发电机，回收车辆动能，因此，纯电动矿车相比传统矿车

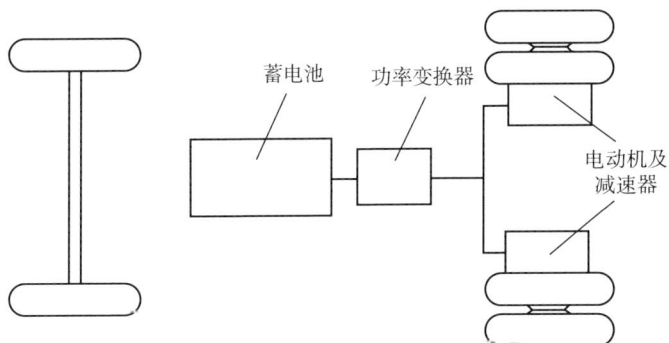

图 1-5　纯电动矿车传动路线示意图

更节能环保。

　　面对日益严峻的能源和环境危机，各国相继出台了更加严格的环保法规，同时，矿山对生产设备节能减排和作业环境的要求也日益提高，纯电动矿车正受到越来越多的青睐，世界各大厂商纷纷投入大量资金研发和生产纯电动矿车，一些矿山和车辆生产厂商也将目光聚焦到矿用自卸车的纯电动改造和研发生产中。纯电动矿车与传统矿车特点比较见表 1-1 所列。

表 1-1　纯电动矿车与传统矿车特点比较

| 对比项目 | 矿车类型 | | |
| --- | --- | --- | --- |
| | 机械传动 | 电力机械传动 | 纯电动 |
| 结构复杂度 | 复杂 | 相对简单 | 简单 |
| 能量利用率 | 受载荷、道路坡度及车速影响，能量利用率低 | 不受载荷、道路坡度及车速影响，能量经过多次转换，利用率较低 | 不受载荷、道路坡度及车速影响，电机效率高，能量利用率高 |
| 传动效率（发动机或电动机至轮边减速器之前） | 液力变矩器低速时效率低下，液力变矩器锁止时效率可达 90% | 交流传动效率一般比直流高，效率为 70%～90% | 效率高，可达 90% 以上 |
| 牵引特性 | 通过变速箱改变变速比来调整，有换挡冲击 | 无极调速，牵引特性曲线好 | 无极调速，牵引特性曲线好 |
| 故障率 | 机械零部件多，故障率高 | 机械零部件较少，故障率较低 | 故障率低 |

（续表）

| 对比项目 | 矿车类型 | | |
|---|---|---|---|
| | 机械传动 | 电力机械传动 | 纯电动 |
| 维护保养成本 | 机械零部件需要定期维护保养，成本高 | 传动件少，维护保养简单，成本较低 | 维保成本低 |
| 作业污染物排放 | 高 | 较高 | 无 |

纯电动矿车相比传统矿车具有节能、环保、维护保养方便和使用成本低等诸多优点，能够提高矿山生产经济效益，降低污染排放，改善生产作业环境。不仅如此，加快培育和发展电动汽车，特别是纯电动汽车，除了能够有效缓解能源和环境压力外，还是加快我国汽车产业转型升级、培育新的经济增长点，推动我国汽车产业可持续发展和建设汽车强国的重要战略举措。

蓄电池是纯电动矿车的动力源，也是制约纯电动矿车普及应用的关键因素。纯电动汽车常用的蓄电池有铅酸蓄电池、镍基蓄电池和锂基蓄电池，其中锂基蓄电池相比前两种蓄电池具有高比能量和高能量密度、循环寿命长等特点，因而被纯电动汽车生产厂商广泛采用。以磷酸铁锂蓄电池为例，其单体能量密度可达130Wh/kg，但与传统燃油汽车（以汽油为例，其能量密度可达12000Wh/kg，即使按照20%的转化率也能够达到2400Wh/kg）无法比拟。另外，现有蓄电池的循环寿命有限，其使用寿命在一定程度上也依赖于能量管理，例如在车辆行驶时的大电流反复充放电冲击下，蓄电池的循环寿命缩短，从而增加了使用成本。与蓄电池相比，超级电容具有寿命长、比功率高、充电时间短等特点。将蓄电池与超级电容结合组成复合能源，能够发挥不同能源的优势，使得不同能源之间优势互补，既具有很高的能量密度，又具有极高的功率密度。研究表明，复合能源不仅能够有效改善蓄电池的工作环境，平滑蓄电池充放电电流变化程度，延长蓄电池循环寿命，还能够降低整车能耗，改善车辆经济性能。纯电动汽车相比传统燃油汽车在节能方面的一个显著优势就是可以进行再生制动，对车辆动能进行回收和再利用，从而提高对车载能源的利用效率，延长车辆续驶里程。

现阶段，蓄电池技术在短时间内取得突破性进展有一定的难度，如何做好车载能源的能量管理和节能，充分利用车载蓄电池的有限能量显得格外重要，因此研究纯电动汽车能量管理和节能技术具有十分重要的意义。当前，我国尚未完全掌握电动车汽车行业能量管理和节能的关键核心技术，燃料经济性与国际先进水平相比还有一定差距。纯电动矿车相比一般纯电动乘用汽车更是新鲜事物，限于现有技术条件，尚未获得推广应用。国内外对于纯电动矿车的研究相比纯电动乘用汽车也较少，对纯电动矿车能量管理及节能技术的研究更少。因此，借鉴现有纯电动乘用汽车和矿用自卸车技术，在此基础上开发纯电动矿车，研究纯电动矿车能量管理和节能技术，对于推动我国矿用自卸车行业发展，提高采矿作业水平，改善矿山作业环境和节能减排具有重要意义。

## 1.2　纯电动汽车发展现状

### 1.2.1　纯电动汽车发展历史

1. 诞生和初期发展（19世纪30年代至20世纪20年代）

电动汽车并不是什么新鲜事物，早在19世纪30年代，英国就诞生了世界上第一辆纯电动汽车，它采用不可充电的玻璃封装蓄电池作为动力源。19世纪60年代，随着可充电蓄电池的出现，有实用价值的电动汽车才真正出现。19世纪80年代，法国出现了世界上第一辆以可充电电池为动力源的电动汽车，如图1-6所示。在1900年以前，法国的电动汽车一直保持着世界电动汽车行驶里程和车速的最高纪录。19世纪末，电动汽车在一些国家流

图1-6　法国的早期电动汽车

行起来，在经历了20多年的发展后，美国、英国和法国先后涌现一批著名的电动汽车制造公司。到1912年，美国注册了34000辆电动汽车，几乎涵盖了各种

车型，早期电动汽车发展达到一个高潮。

2. 低迷期（20 世纪 20 年代至 20 世纪 60 年代）

世界公认的第一辆以内燃机为动力源的现代汽车于 1886 年诞生。1885 年，德国人卡尔·佛里特立奇·本茨研制出世界上第一辆马车式三轮汽车（如图 1-7 所示），并于 1886 年取得第一项汽车发明专利，这一年被认为是现代汽车元年。

图 1-7　世界上第一辆汽车

随后，燃油汽车技术取得了突飞猛进的发展。1908 年，福特（Ford）公司开发了 T 型内燃机汽车（如图 1-8 所示），并在汽车发展史上首次实现了标准化大批量生产，使其价格从 1909 年的 850 美元大幅下降到 1925 年的 260 美元，而

图 1-8　福特 T 型车

同期的电动汽车一直不能解决蓄电池充电时间长、能量密度低、续驶里程短、成本高等诸多问题。燃油汽车以其加油快、续驶里程长等优势，迅速将电动汽车淘汰。直到二战后，欧洲和日本的石油供应紧张，电动汽车才出现局部复苏的迹象。

3. 复苏和蓬勃发展期（20世纪70年代至今）

20世纪70年代初，世界石油危机使得电动汽车重新受到重视，但在20世纪70年代末和80年代，石油危机得到缓解，各国政府更多地提倡汽车制造商加大燃油利用率和减少污染排放，电动汽车发展又一次进入低谷。直到20世纪90年代，电动汽车动力电池特别是锂申池技术取得突破性进展，加上对能源危机和环境污染的担忧，世界主要国家政府纷纷出台一系列政策，促进本国电动汽车产业发展，电动汽车进入第二轮研发高潮。进入21世纪，电动汽车开发在中国、日本、美国和欧洲都得到了重视，并向产业化、实用化发展，尤其是全球金融危机后，各国政府进一步加大了对电动汽车的扶持，除了减免税收和财政补贴外，还安排专项经费进行电动汽车的能源系统和控制技术研究，推出了政府采购、路权优先、牌照优先和加强充电桩等基础设施的建设等措施，加大力度促进电动汽车大规模量产上路，电动汽车迎来了蓬勃发展的新时代，进入了更大规模的研发探索阶段。

## 1.2.2　纯电动汽车发展概况

1. 国外发展现状

当前，能源和环境问题变得越来越突出，传统燃油汽车正面临着严峻的挑战。2008年国际金融危机后，美国、日本、欧盟多国等传统汽车强国将发展电动汽车作为新兴产业和解决环境与能源危机的重要途径，陆续将发展电动汽车上升为国家战略，采取多种激励措施加快技术革新，大力推进其产业化。这些国家都在电动汽车的研制与开发上展现出很强的实力。

美国电动汽车发展起步较早，电动汽车市场和产业体系都较为完善。自1976年起美国就出台多项政策和发展计划促进电动汽车发展。在奥巴马任期，美国考虑到燃料电池和混合动力汽车HEV的技术和产业水平落后于日本的实际情况，提出重点发展插电式电动汽车PHEV和纯电动汽车BEV，成功刺激了本土电动汽车产业的发展。通用（GM）和福特两家公司推出多款电动汽车产品，其中雪佛兰（Chevrolet）Volt已成为全球最畅销的插电式混合动力汽车。通用公司在 2017 年宣布，到 2023 年增加 18 款电动汽车。成立于 2003 年的特斯拉（Tesla）已经成为是世界电动车界的一匹黑马，它不同于其他电动汽车制造厂商，坚持走高端电动汽车产品路线，已经成为电动汽车和高端汽车行业的佼佼者，被誉为"电动汽车界的 iPhone"。

日本是世界第三的汽车生产大国，也是世界电动汽车领域的先驱者。受地理位置和自然资源匮乏的制约，日本对电动汽车的研发一直十分重视，从 20 世纪 60 年代就开始发展电动汽车。日本提出到 2020 年电动汽车保有量突破 100 万辆，2030 年新能源汽车销量要占到汽车年销量的 70%。日本的燃料电池技术领先世界并将发展燃料电池汽车 FCEV 作为氢能源社会建设的重要环节；日本混合动力汽车技术十分成熟，1997 年，世界首款量产混合动力汽车"普锐斯（Prius）"诞生在日本丰田（Toyota）公司，之后，本田（Honda）公司于 1999 年推出了 Insight 混合动力汽车；2010 年，世界首款量产纯电动汽车"聆风（Leaf）"诞生于日产（Nissan）公司，其续航里程可达 160 公里以上，2018 款日产"聆风（Leaf）"单次充电可行驶 400 公里；日本是锂电池技术诞生国，经过多年发展，锂电池技术一直居于世界领先地位。可以说，日本在电动汽车关键技术领域一直保持世界领先。

欧盟在新能源汽车方面的目标是到 2030 年，城市中新能源汽车占一半左右，到 2050 年在城市中全面采用新能源汽车。在此政策框架下，欧盟国家制定和实施了各自的新能源汽车产业策略。例如，德国是传统汽车强国，发明了世界上第一辆燃油汽车。德国提出到 2020 年，纯电动汽车和插电式混合动力汽车保有量达到 100 万辆，到 2030 年达到 600 万辆，到 2050 年城市交通基本摆脱化石燃料。但是，德国电动汽车发展面临着原材料资源紧缺的问题，除了锂外，钴、镍、稀土等的缺少也困扰着德国。另外，在传统内燃机汽车的技术优势的基础上，欧盟的汽车企业纷纷推出了自己的插电式混合动力和纯电动汽车品牌，如雷诺（Renault）公司推出的雷诺 ZOE、雷诺 Kangroo ZOE、雷诺 Twizy 三款纯电动汽车，宝马（BMW）公司推出的纯电动跑车 i3 和插电式混合动力跑车 i8，大众（Volkswagen）公司推出的插电式混合动力车辆高尔夫 Twin Drive 等。

2. 国内发展现状

我国电动汽车研发始于"八五"时期，至今已经相继出台了近 80 项有关电动汽车的产业政策，初步构建了电动汽车产业政策体系，实现了电动汽车产业化。纵观我国电动汽车发展，可以分为三个阶段：

（1）第一阶段：整车和基础关键技术研发阶段（"十五"时期）

"十五"时期，我国进入电动汽车及其关键技术研发阶段，建立了整车企业主导、关键零部件配合、产学研相结合的协同研发机制。2001 年，我国启动 863 计划"电动汽车"重大科技专项，确立了"三纵三横"（开发纯电动汽车、混合动力汽车和燃料电池汽车，以及能源动力总成系统、电机驱动系统和控制单元、动力电池和电池组管理系统）的研发和开发布局。

（2）第二阶段：示范运营和产业化准备阶段（"十一五"时期）

"十一五"时期，我国电动汽车进入示范运营和产业化准备阶段，科技部、财政部、国家发展改革委、工业和信息化部四部委于 2009 年元月共同启动"十城千辆节能与新能源汽车示范推广应用工程"，通过提供财政补贴，计划用 3 年左右的时间，每年发展 10 个城市，每个城市推出 1000 辆新能源汽车开展示范运行，涉及公交、出租、公务、市政、邮政等多个领域。

（3）第三阶段：产业化与加速发展阶段（"十二五"时期至今）

"十二五"期间，我国形成了全方位的电动汽车政策体系，国务院印发的《节能与新能源汽车产业发展规划（2012—2020 年）》，提出以纯电驱动为新能源汽车发展和汽车工业转型的主要战略取向，重点推进纯电动汽车和插电式混合动力汽车产业化，推广普及非插电式混合动力汽车、节能内燃机汽车的技术路线，明确到 2020 年，纯电动汽车和插电式混合动力汽车生产能力达 200 万辆、累计产销量超过 500 万辆。这一时期，电动汽车关键技术取得重大进步，如动力电池技术有了大幅提升；电机共性基础技术取得突破，性能达到国际水平；充电服务领域以充电桩为龙头的产业链正在形成；产品结构日趋完善，产品更加丰富，自主品牌优势形成。2015 年，电动汽车销量超过 33 万辆，占全球销量的 60％左右，我国成为全球最大的电动汽车市场，有 6 款自主品牌产品在 2015 年进入全球销量前十。

"十三五"时期，我国电动汽车发展进入新时代，《中华人民共和国国民经济和社会发展第十三个五年规划纲要》《中国制造 2025》均将电动汽车产业列为主要战略性新兴产业发展领域之一。2016 年，《节能与新能源汽车技术路线图》描绘了我国汽车产业技术未来 15 年的发展蓝图，设定的新能源汽车未来 15 年主要里程碑是到 2020 年、2025 年和 2030 年，新能源汽车销量占汽车总体销量的比例分别超过 7％、20％和 40％，同时指出到 2020 年，动力电池模块比能量达到 300W·h/kg 以上，成本降至 1.5 元/W·h 以下。2016 年，我国已经成为世界最大的电动汽车生产和销售国。2020 年，我国新能源汽车产销量分别为 136.6 万辆和 136.7 万辆。

当前，我国正处于"十四五"时期，国务院办公厅印发的《新能源汽车产业发展规划（2021—2035 年）》提出力争经过 15 年的持续努力，我国新能源汽车核心技术达到国际先进水平，质量品牌具备较强国际竞争力。据中国汽车工业协会统计分析，2023 年，我国汽车产销累计完成 3016.1 万辆和 3009.4 万辆，其中新能源汽车产销突破 900 万辆，市场占有率超过 30%，成为引领全球汽车产业转型的重要力量。

我国电动汽车产业在一系列政策驱动下取得了突飞猛进的发展和进步，实现了发达国家经过多年才取得的技术进步，例如 BEV 在某些方面具有一定优势，FCEV 接近国外先进技术。但必须指出的是，当前我国电动汽车整车和零部件核心技术与发达国家相比仍有一定的差距，车载能源系统的管理技术及节能技术与国际先进水平相比还有一定的差距，因此，针对我国以纯电驱动作为新能源汽车发展和汽车工业转型的主要战略取向，研究纯电动汽车能量管理和节能技术具有重要意义。

# 1.3　矿用自卸车发展现状

## 1.3.1　矿用自卸车发展历史

非公路矿用自卸车是指在露天场合为完成岩石土方运输与矿石运输等任务而使用的一种非公路重型自卸车。矿用自卸车可以认为是从卡车发展而来的，主要应用在露天矿山、港口码头、水利水电工程和钢铁冶炼工厂等大型作业现场，具有作业效率高、爬坡能力强、自重利用系数大及转弯半径小等特点，能够适应各种复杂工况和天气条件。随着科学技术的发展和市场对矿产资源的需求猛增，矿用自卸车有着向大型化发展的趋势。

1. 国外发展历史

20 世纪 30 年代，美国尤克利德（Euclid）公司研制出第一辆载重 14t 四轮液压自卸车——Euclid-1Z，这台源自公路卡车的自卸车被认为是现代矿用自卸车的雏形。1956 年，现代非公路自卸车之父 Ralph H. Kress 为 L-W

（LeTourneau-Westinghouse Company）公司设计了一款 Haulpak LW - 30 的刚性后卸式机械传动自卸汽车，采用了倾斜式货箱、偏置式驾驶室、超短轴距、前轮独立悬挂等先进设计元素，确立了非公路自卸车的标准。在被日本小松（Komatsu）公司收购之前，Haulpak 一直是行业的标杆。今天我们所看到的巨型矿车的 V 型货箱、双轴、六条轮胎及油气悬挂等特征都与 Kress 的设计非常相似。20 世纪 50 年代以后，矿用汽车载重吨位越来越大，美国尤克利德公司 1951年推出的 Euclid - 1LLD 型自卸车载质量达到 50t，为当时世界最大。

为提高露天矿开采效率，降低开采成本，矿山需要更大吨位的矿用自卸车，但以当时的技术条件，设计和生产复杂的大吨位的机械传动矿用自卸车存在一定的困难，而电力机械传动系统能够解决制约矿用自卸车向更大吨位发展的传动系统难题，因此，电力机械传动自卸车应运而生。1959 年，美国尤尼特瑞格公司（Unit Rig）在自卸汽车基础上首次将一辆载重 68t 的矿用汽车改装成电力机械传动汽车。1960 年，尤尼特瑞格与通用电气公司（GE）合作，研制成功第一台电动轮原型车 M - 64 Lectra Haul。从 1963 年下半年开始，尤尼特瑞格的 M - 85 Lectra Haul 型电动轮自卸汽车开始批量生产，标志着矿用电动轮自卸车技术逐渐成熟并得到推广应用。该车采用刚性车架，载重为 85 短吨（1 短吨 = 0.907吨），采用双轴后轮驱动、后卸式，使用 GE 的电力机械传动系统。电动轮传动的成熟应用使得矿用自卸车载重获得大幅提升。1974 年，美国威伯科公司（Westinghouse Air Brake Company，WABCO）将 3200 型电动轮自卸车改进为3200B 型，载重提高到 218t，成为当时世界最大的矿用车；1978 年，加拿大 GM公司制造出一台额定载重 318t 的史无前例的巨型汽车；20 世纪 80 年代末，尤尼特瑞格、利勃海尔（Liebherr）、小松德莱赛（Dresser）、尤克利德、别拉斯（Belaz）等近十家矿用汽车制造厂生产的电动轮汽车载重从 108t 到 360t，最大样车载重已达到 450t。

2. 国内发展历史

我国矿用自卸车研发工作始于 20 世纪 60 年代末。在这之前，我国矿用自卸车基本上是由公路运输车改造而成，并不是真正意义上的矿用自卸车。20 世纪60 年代末到 70 年代初，我国多家汽车生产厂商开始试制矿用自卸车，吨位从15t 至 60t，最终只有 15t、20t 和 32t 三种矿用自卸车投入批量生产。20 世纪 70年代后，湘潭电机厂、本溪重型汽车厂和常州冶金机械厂开始研制载重百吨级的矿用自卸车。1977 年，湘潭电机厂与多家企业合作研制成功我国首台百吨级电动轮矿用自卸车"韶峰"SF-3100,该车载重108t,于1980年通过冶金工业部鉴定后投入小批量生产。

改革开放后,我国采矿业蓬勃发展,国产矿用自卸车不能满足需求,国内多家企业开始与国外企业合作,引进和吸收国外先进的矿用自卸车产品和技术,大大缩小了我国矿用自卸车的发展与国际先进技术的差距。江西德兴铜矿于1979年从美国引进当时世界上最先进的载重154t的电动轮矿用自卸车;1983年,湘潭电机厂在引进合作的基础上对"韶峰"SF-3100电动轮矿用自卸车进行了多项改进提高,改型为SF-3102并在首钢水厂铁矿试运营成功,该车于1987年通过国家级鉴定并被列为国家进口替代产品。之后,湘潭电机厂又与美国小松德莱塞公司合作,于1991年生产出第一台SF-3150型载重150t电动轮矿用自卸车。

1988年,内蒙古第二机械厂与特雷克斯(Terex)公司合资,成立北方重型汽车有限责任公司,开始组装特雷克斯电动轮矿用自卸车。进入21世纪后,内蒙古北方重型汽车股份有限公司于2004年引进特雷克斯公司先进技术并推进国产化,提高了国产矿用自卸车整体技术水平;2011年又成功研发具有自主知识产权的NTE260型纯电动轮矿用自卸车并与2012年量产,接着又先后研发出NTE多个系列具有自主知识产权的吨位覆盖150~400t的电动轮矿用自卸车。三一矿机在2009年向市场推出自主研发的载重为95t的SRT95型非刚性公路矿用自卸车;湘潭电机集团有限公司2010年正式启动了载重为300t的SF35100型电动轮自卸车项目。目前,可以说我国非公路矿用自卸车具备了批量生产能力,已经拥有了自主知识产权的品牌,自主创新能力不断提高,产品技术水平与国际先进水平的差距不断缩小,我国非公路矿用自卸车进入了自主创新发展阶段。

### 1.3.2 矿用自卸车国内外发展现状

1. 国外发展现状

当今世界非公路矿用自卸车市场竞争异常激烈,世界非公路矿用自卸车主要生产企业包括美国特雷克斯、美国卡特彼勒(Caterpillar)、日本小松、德国利勃海尔、白俄罗斯别拉斯等。这些巨头公司的产品载重从25t到600t不等,主流产品达到300t以上,占据了世界矿用自卸车市场的主要份额。

美国特雷克斯公司是一家全球性、多元化的设备制造商,其前身是成立于1933年的尤克利德公司,尤克利德于1934年推出的四轮液压自卸车Euclid-1Z

开创了载重自卸卡车的历史。目前，特雷克斯近 80% 的产品在行业中排名前三，业务遍及世界各地。1988 年，特雷克斯与我国合资成立内蒙古北方重型汽车股份有限公司。2014 年，特雷克斯矿用自卸车事业部被沃尔沃建筑设备公司（Volvo CE）收购，成为其 Terex 矿用自卸车事业部，并作为独立部门运营，主打产品为 TR45、TR60、TR70 和 TR100 刚性自卸车。

美国卡特彼勒公司是世界上最大的工程机械和矿山设备生产厂家，也是世界上最大的柴油机生产厂家之一。卡特彼勒于 20 世纪 50 年代进入刚性自卸车领域。从 20 世纪 80 年代起至 20 世纪末，卡特彼勒先后推出载重 138t 的 785 型和载重 326t 的 797 型矿用自卸车，其中 797 型在 2008 年升级为 797F 型，载重可达 363t，被誉为当时世界上最大的矿用自卸车之一。此外，卡特彼勒在机械传动矿用自卸车领域也是遥遥领先。

日本小松成立于 1921 年，是一家专业从事工程机械生产的企业，以产品齐全著称，多年来一直保持世界第二大工程机械生产商地位。小松同时生产铰接式矿用自卸卡车和刚性自卸卡车，产品包括载重 36.5t 的 HD325 - 6 型到载重 291t 的 930E - 4 型的多个型号。

德国利勃海尔成立于 1949 年，多年以来，其由家族企业发展成为目前的集团公司，是世界建筑机械的领先制造商之一，还是其他许多领域的技术创新用户导向产品与服务的客户认可供应商。其主要生产大载重电动轮矿用自卸车，产品涵盖载重 100t 的 T236 型到载重 363t 的 T284 型，其中 T284 型被誉为当时世界最大的矿用自卸车之一。

白俄罗斯别拉斯是世界大型矿用汽车专业生产商之一，产品包括矿用自卸汽车、装载机械等。别拉斯曾是苏联最大的矿山专用运输设备生产企业，为苏联提供了大量的矿山和大型土建运输机械，在苏联解体后，作为白俄罗斯最大的国有企业，受到政府的大力扶持。目前，别拉斯的矿用车自卸产品系列几乎涵盖了所有吨位级，百吨以内从 30~88t 有 8 种产品，百吨以上从 120~320t 有 7 种产品。此外，别拉斯不仅产品系列宽、品种全，而且价格低，同吨位产品价格比美国、日本产品低，甚至比我国自产产品还要低。

2. 国内发展现状

我国矿用自卸车生产企业超过二十家，其中比较有代表性的包括湘电重型装备有限公司、内蒙古北方重型汽车股份有限公司、三一矿机有限公司、本溪北方机械重汽有限责任公司、秦皇岛天业通联重工科技有限公司。

湘电集团控股子公司湘电重型装备有限公司是我国最早生产矿山运输车辆的专业厂家和领头企业，为矿山运输车辆国产化基地，品种规格齐全，拥有国家工矿电传动车辆检测中心，是我国 108t、154t、220t、230t、300t 电动轮自卸车独家生产企业，在南美、东南亚、澳大利亚等国际市场具有较强的竞争力。

内蒙古北方重型汽车股份有限公司是国家级高新技术企业，专业从事非公路矿用自卸车及相关工程机械的研发与生产，是我国最大的矿用汽车开发和生产基地，具有 1000 台 25～400t 矿用车生产能力，占有国内市场 75% 以上的份额，并出口世界 50 多个国家和地区，市场保有量超过 6000 台。该公司并可同时生产机械传动和电力机械传动矿用自卸车，机械传动矿用自卸车涵盖 TR 系列 25～100t，电力机械传动矿用自卸车涵盖 NTE 系列 110～360t。

三一集团于 2012 年成立三一矿机有限公司，主要经营矿山机械设备及配件。该公司目前生产载重 45t、55t 和 95t 的三种 SRT 系列机械传动和载重 230t 的 SET 型系列电动轮刚性矿用自卸车，同时生产载重 40t 的 SAT 型铰接式矿用自卸车。该公司依托三一集团雄厚实力，近几年发展势头十分迅猛，为国内非公路矿用自卸车产业迅速发展注入了活力。

本溪北方机械重汽有限责任公司始建于 1950 年，是国内起步较早、基础较好的重型汽车专业化生产厂商之一，矿用重型汽车系列是该公司的主导产品，年综合生产能力 100 台，主要车型包括 22～85t 的各类型矿用重型汽车。

秦皇岛天业通联重工科技有限公司始创于 2000 年，是国内最大的铁路桥梁施工起重运输设备供应商。该公司的高铁桥梁施工装备打破国外品牌垄断局面，全面取代进口，创造多项亚洲纪录，销量连续多年保持全国领先。其在矿用自卸车领域的主要产品均采用机械传动方式，包括载重 45t、65t 和 91t 的 TTM 型刚性机械矿用自卸车和载重 45t 的 TTA 型铰接式矿用自卸车。

# 1.4　纯电动矿车关键技术

纯电动矿车是指以蓄电池作为能量源，采用电动机驱动车轮转动，车身超宽超大，不能在正常道路上行驶的非公路车辆。作为纯电动汽车之一，其关键技术主要包括汽车技术、电力电子技术、信息通信技术和化学技术等。现阶段，针对纯电动汽车关键技术的相关研究主要包括车身技术、动力电池、驱动电机、驱动技术、能量管理等。

**1. 车身及机电一体化技术**

对于纯电动汽车,车身质量大与车载能源能量密度不足之间始终存在着矛盾。对于纯电动乘用汽车,在保证车身刚度的同时,可以采用新材料进行车身轻量化设计,优化车身流线以减少风阻,优化轮胎设计以减少滚动阻力,采用机电一体化技术对整车结构参数进行最优化设计以降低整车能耗,上述措施对于节约能源、延长续驶里程具有重要意义。而对于人载重纯电动矿车,采用机电一体化设计优化车辆结构、减轻车身质量同样也具有节能和安全双重意义。

**2. 车载能源技术**

当前,阻碍纯电动汽车发展和推广使用的主要瓶颈在于车载能源装置,可以说,车载能源的性能直接决定了纯电动汽车的性能指标。纯电动汽车对车载能源要求包括高比能量和能量密度、高比功率和功率密度、长循环充电次数、低成本等;对蓄电池的安全可靠性、充电便捷性和维护保养方便等方面也有一定的要求;此外,还要求车载能源清洁无污染。近年来,车载能源技术虽然得到了迅猛发展,但是目前仍然没有一种车载能源能够较好地全面满足纯电动汽车的上述要求。在现有能源装置中,有的具有较高的比能量和能量密度而比功率不足,如燃料电池和各种蓄电池;有的具有较高的比功率和功率密度而能量密度不足,如超级电容和超高速飞轮。如何解决这种矛盾?将蓄电池和超级电容组成复合能源不失为解决上述问题的一种有效方式。因此,国内外车企及研究机构纷纷对纯电动汽车复合能源展开研究,但由于其匹配和控制的复杂性,以及对车辆经济和动力性能改善方面的不确定性等因素的影响,复合能源的实际运用尚未取得重大进展。目前,国外已经有纯电动汽车采用复合能源,而国内鲜有纯电动汽车采用。

**3. 电机及其驱动技术**

电机是纯电动汽车的动力部件,具有启动扭矩大、调速范围广、过载能力强、高功率密度、低噪音等特点。驱动电机的性能直接影响纯电动汽车的性能,驱动电机的质量和功率密度直接影响纯电动汽车的装备质量和效率。电机驱动技术是实现电动汽车行驶的关键技术,通过对电机的调速控制和对行驶系统的综合管理，控制驱动电机的各种工作范围，优化驱动电机效率，提高驱动电机的高效率运行区间，能够提高整车性能，降低整车能耗。纯电动汽车电机及其驱动技术是各国研究的热点。

4. 能量管理技术

受车载能源装置的限制，纯电动汽车与传统燃油汽车的行驶里程仍相比有一定的差距，纯电动汽车可采用能量管理系统以解决这一问题。能量管理系统的主要功能和目的就是优化车载能源装置使用效率，最大化利用车载能源装置能量，延长车辆续驶里程。能量管理系统采集车辆各个子系统的传感器信息，实现对车载能源状态的监控和诊断控制功能。通过对车载能源装置温度及充放电电压、电流等信息的检测，提供车载能源装置剩余能量显示；通过对车内外环境温度及车辆速度、加速度传感器信息的采集，监控车辆状态并合理分配能量。当前，智能化能量管理技术研究集中在车载能源装置的建模及以微处理器为核心的电子控制技术方面。

5. 再生制动技术

再生制动是纯电动汽车区别于传统燃油汽车的重要特点。再生制动是指在车辆减速或制动时，将驱动电机用作发电机，产生再生制动力矩对车辆进行减速制动，并将其中一部分车辆动能转化为电能存储在车载能源装置中供驱动车辆行驶时使用。可见，采用再生制动技术对于提高车辆能源利用率、车辆使用经济性能和延长车辆续驶里程具有重要意义，它不需要增加额外的辅助装置就能够实现制动能量的回收。有关这一领域的研究与应用目前虽仍处于起步阶段，但为发挥纯电动汽车这一优势，有必要对其进行充分、深入的研究。

6. 电动汽车充电技术

电动汽车采用蓄电池作为车载能量源，蓄电池从电网获得电能并存储起来需要蓄电池充电装置，包括车载充电装置和非车载充电装置（充电桩）两种。影响纯电动汽车推广的技术难题除了续航里程短以外，充电技术也是一个重要问题。目前，纯电动汽车充电一般采用常规充电，以 0.1C～0.3C 小电流充电 7～8 小时，如此长时间的充电会阻碍电动车使用，很难为消费者所接受。虽然有些蓄电池可以实现短时间的快速充电，以高压、大电流实现在 20 分钟至 1 小时内短时充电，但是快速充电会缩短蓄电池的使用寿命，对充电技术和充电安全性要求较高。

综上所述，经过多年研究，纯电动汽车关键技术均取得了较大的进展，但是在目前条件下，要想广泛推广使用纯电动汽车，替代现有燃油汽车，还需要在以下领域取得突破性进展：

（1）提高储能装置性能，延长车辆续驶里程；

（2）降低纯电动汽车初始成本；

（3）提高车载能源使用寿命以降低使用成本。

其中，续驶里程不足和初始投入成本过高是影响纯电动汽车普及应用的关键因素，解决这些问题的关键是需要研制出高性能、低成本、长寿命的动力电池。近年来，纯电动汽车动力电池技术取得了较大进展，特别是具有高能量密度锂离子电池的出现使得纯电动汽车续驶里程得到大幅提高，但是锂离子电池存在着温度适应能力差、价格高、使用寿命短和管理困难等问题，而上述问题的解决在短期内仍然难以取得突破。能量管理及节能技术能够在不提高纯电动汽车初始成本或在有限成本投入前提下延长车载能源装置的使用寿命，降低车辆使用成本；能够有效延长纯电动汽车续驶里程，提高车辆使用经济性。因此，研究纯电动汽车尤其是纯电动矿车的能量管理及节能技术，对充分发挥车载能源装置所存储的能量，提高能量效率，降低矿车使用成本具有重要意义。

## 1.5　纯电动矿车能量管理及节能技术

纯电动矿车是集机械、电子、信息等多种技术于一体的高新技术产品。目前，动力电池是制约纯电动矿车发展的关键因素，现有动力电池的能量密度比燃油的能量密度低得多，导致纯电动矿车车载能量有限，续驶里程相比燃油动力矿车来说要短得多，不能够像燃油汽车那样"挥霍"能源，因此必须采取节能技术，做好能量管理和节能工作，充分利用车载能源。

通过能量管理和节能技术以提高能量利用效率、延长车辆续驶里程，相比提高电池储能能力更易实现，即便是在动力电池技术取得突破性进展的将来，能量管理及节能技术对于纯电动矿车来说依然重要。纯电动矿车能量管理及节能技术研究的热点包括能量分配优化控制策略、动力电池荷电状态 SOC（State of Charge）和电池健康状况 SOH（State of Heath）估算技术、再生制动及其能量回收存储等。

### 1.5.1 复合能源及其能量管理

1. 研究意义

纯电动矿车一般采用蓄电池作为能量源。纯电动矿车在启动、加速、爬坡等操作中，对蓄电池会有瞬时高功率需求。此外，纯电动矿车一般都搭载再生制动能量回收存储控制系统，因此蓄电池经常会遇到瞬时功率需求，往往会进行频繁的充放电操作，这对电池使用寿命有不利影响，即在大功率大电流反复冲击下，蓄电池的效率会变低，使用寿命会变短。可见，寻求提高车载能源系统效率，延长蓄电池寿命的解决方案对于降低整车使用成本，提高车辆经济效益具有重要意义。

采用单一能源作为纯电动矿车能源具有一定的局限性，不能很好地满足纯电动矿车对高比能量和高比功率的需求。相比之下，蓄电池往往具有较高的比能量而比功率不足，超级电容往往具有较高的比功率而比能量较低。采用将蓄电池、超级电容两种能源装置构成复合能源系统，被认为是解决上述问题的有效途径之一。研究表明，蓄电池与超级电容结合还能有效延长续驶里程，提高整车动力性能和制动能量回收能力。

复合能源采用"蓄电池＋超级电容"结构，以比能量相对较高的蓄电池作为车辆行驶的主能源，以比功率较高的超级电容作为车辆行驶的辅助能源，从而满足纯电动矿车对车载能源装置高比能量和高比功率的要求。这种采用不同能源分别满足纯电动矿车比能量和比功率需求的双能源复合方法，使车企在进行设计时，对主能源着重考虑能量需求，对辅助能源着重考虑在车辆加速、爬坡时的瞬时高功率需求及在再生制动时的功率回收需求，以辅助能源承担高功率需求并高效率回收再生制动能量，由此减少充放电电流波动对主能源带来的冲击，从而提高其使用寿命，起到提高主能源效率进而提高车载能源整体效率，延长车辆续驶里程的作用。

2. 研究现状

国内外关于纯电动汽车蓄电池—超级电容复合能源的研究有很多。例如，有学者采用磷酸铁锂和超级电容组成复合能源系统，研究表明相比磷酸铁锂单一能源，复合能源系统能够有效提高储能系统效率；也有学者对混合动力汽车复合能源系统进行了研究，仿真表明复合能源系统相比单一能源能够有效提升混合动力汽车动力性能和经济性能；还有学者对复合能源系统的模糊控制可靠性和有效性进行了研究。但是，上述研究大多没有考虑超级电容电压降低与效率的关系，也没有考虑采用超级电容引起的质量变化对整车性能的影响。

有学者对 ADVISOR（Advanced Vehicle SimulatOR，高级车辆仿真器）进行了二次开发，实现其复合能源系统的仿真研究功能，但对复合能源系统的参数匹配与控制策略没有做进一步讨论；也有学者对复合能源系统不同控制策略进行了比较研究，指出了基于规则和模糊控制策略的复合能源能量管理策略的优越性。但是，上述研究大多基于复合能源系统在特定工况一次行驶循环条件下进行的，为凸显超级电容的削峰填谷作用，在实验中尽可能多地使用超级电容对蓄电池进行功率补偿，仿真结束时超级电容电压和效率已经降至极低，所存储的能量也变得低下，不足以再对蓄电池起到功率平衡的作用，不利于整车能耗的降低，而此时蓄电池仍储存较多的能量。同时，上述研究也没有给出超级电容和蓄电池的参数配比方法。而研究复合能源系统，应将复合能源系统的参数匹配和优化控制相结合，才能充分发挥不同能量源的特点，满足车辆行驶对比能量和比功率的双重需求，最大限度地回收利用再生制动能量，以提高整车经济性能和动力性能。

在城市公交领域，为解决城市纯电动大客车频繁加速和制动时峰值功率提供和再生制动能量高效回收的问题，北京理工大学李军求等人根据超级电容时间常数、加速时间及公交车行驶工况确定超级电容参数匹配。实验表明，加装超级电容后，蓄电池电流得到限制，制动能量得到有效回收，整车动力性能得到提高，但该研究没有论述复合能源对整车经济性能方面的作用，也没有讨论复合能源对蓄电池循环寿命的影响。有学者在 UDDS（Urban Dynamometer Driving Schedule，城市道路循环工况）行驶工况下，以整车一次充电至蓄电池放电结束，对整车复合能源进行参数匹配，并采用模糊控制策略对复合能源进行能量管理。仿真结果表明，所采用的复合能源匹配方法和模糊控制策略能够有效发挥复合能源主、辅能源的优势，提高纯电动汽车经济性能及动力性能，这一将复合能源参数匹配与优化控制同时考虑的方法可作为本书研究纯电动矿车复合能源的借鉴。

综上，现有研究多以纯电动乘用汽车作为研究对象，对复合能源的参数匹配或控制策略进行了大量探索工作，但将两者结合而进行的研究并不多。同时，现有研究对双能源占整车质量比，以及双能源中高比功率能源与高比能量能源之间的混合比等参数匹配的研究较少，对复合能源在实际应用中对车载能源装置效率与寿命的影响论述也较少,大多以复合能源能够减少对蓄电池的反复充放电冲击来直观地说明复合能源能够起到延长蓄电池寿命的作用。由于缺少可靠的蓄电池寿命模型,上述研究对蓄电池寿命延长的机理论述不多,对蓄电池寿命能够延长多少没有给出具体的分析。

### 1.5.2 再生制动能量回收存储控制

#### 1. 研究意义

再生制动技术是电动汽车区别于传统汽车的重要特点。纯电动矿车再生制动能量回收存储控制是提高其续驶里程和经济性能的关键技术,制定合理的再生制动控制策略,合理分配再生制动力和机械制动力以回收存储尽可能多的能量是其研究难点。再生制动的原理是通过将电动机切换到发电状态,产生制动力矩,将汽车运动时的动能进行回收并存储于车载能量系统中以供电动汽车使用,该技术对于提高电动汽车续驶里程和经济性能有着显著的作用。再生制动另一不同于传统摩擦制动的特点是不会产生磨损、灰尘、气味和噪声等。再生制动技术在不提高车辆初始成本的前提下,能够有效提高车辆能量利用效率,延长车辆续驶里程,因此已经成为当前纯电动矿车研究领域的一个热点。

#### 2. 研究现状和不足

目前,国内外关于纯电动汽车、混合动力汽车、电动公交车和电动轻型卡车再生制动的研究有很多,然而,关于纯电动矿车再生制动的研究较少。现有研究也主要集中在再生制动系统设计、再生制动控制策略和再生制动能效评估三个方面。再生制动所能够产生的制动力由于受到电动机和蓄电池等各方面因素的影响,为了保证制动可靠,必须保留传统的摩擦制动,因此再生制动能量回收存储控制研究的主要目标是在满足车辆制动稳定性和安全性的前提下使整车制动力在摩擦制动和再生制动之间优化分配以回收尽可能多的能量。现有研究大多基于上述原则设计一种再生制动控制策略,采用单一指标评估其再生制动能量回收存储水平,而对纯电动汽车再生制动能量回收存储潜能及不同策略间的比较论述较少。现有研究还多以单轴驱动车辆为研究对象,以其在水平道路行驶的力学模型作为基础进行研究,鲜有对车辆坡道制动力学的研究,且研究中往往忽略车辆在行驶过程中的空气阻力、滚动阻力及坡道阻力等,而这些阻力尤其是滚动阻力和坡道阻力在大载重矿用自卸车道路行驶中所起到的作用往往是不可忽略的。相比纯电动乘用汽车，国内外针对纯电动矿车再生制动的研究并不多见。因此，分析纯电动矿车再生制动能量回收潜力，对于评价其再生制动策略具有重要意义，也能够为其制定合理的再生制动策略提供重要依据。

## 1.6　主要研究内容和技术路线

本书首先回顾了纯电动汽车及矿用自卸车发展历史，对比分析了纯电动汽车及矿用自卸车国内外发展现状，对采用纯电动乘用汽车发展纯电动矿车的关键技术及制约因素进行了分析，明确我国发展纯电动矿车应着重解决的三个方面问题：突破整车和部分核心零部件方面的关键技术、掌握能量管理和节能关键核心技术、提高车辆燃料经济性。本书选择了纯电动矿车能量管理和节能技术作为研究课题，以某载重 55t 双驱刚性纯电动矿车作为研究对象，采用 MATLAB/Simulink 软件和基于该软件平台的 ADVISOR 2002 车辆仿真软件作为研究工具，从磷酸铁锂（LiFePO$_4$）蓄电池—超级电容复合能源系统能量管理及车辆再生制动能量回收存储控制两个方面对课题展开研究，具体研究内容包括以下几个方面。

第一章　在论述纯电动矿车发展背景与研究意义的基础上，分析纯电动汽车及矿用自卸车国内外发展现状，总结发展纯电动矿车所需要的关键技术，选择能量管理及节能技术作为本书研究方向，从复合能源匹配及控制、再生制动能量回收存储控制等关键技术对其展开研究，给出研究技术路线。

第二章　分析现有纯电动汽车仿真方法和仿真软件，对比前向仿真方法和后向仿真方法的不同特点，本书选择采用以后向仿真为主、前向仿真为辅的混合仿真方法的车辆仿真软件 ADVISOR 2002 和 MATLAB/Simulink 软件作为纯电动矿车仿真研究工具。

第三章　对纯电动矿车基本结构和工作原理进行分析，建立纯电动矿车动力学模型和功率需求模型；对纯电动矿车能量需求进行分析，给出需求模型；对纯电动矿车蓄电池和超级电容能量存储装置进行研究，分析蓄电池工作原理和特点，建立蓄电池模型；分析超级电容工作原理和特点，建立超级电容模型；给出复合能源所采用的 DC/DC 功率变换器工作结构，对其工作原理和特点进行分析；对比分析现有纯电动乘用汽车典型行驶工况及其主要特点，根据国内某矿山道路采集的行驶工况数据，建立纯电动矿车仿真用行驶工况。

第四章　基于现有小容量 LiFePO$_4$ 蓄电池固定放电倍率下的循环寿命预测模型，对 LiFePO$_4$ 蓄电池固定放电倍率循环寿命预测机理进行分析，结合所采用的大容量 LiFePO$_4$ 蓄电池固定放电倍率循环寿命实验数据，推导出适用于该电池的固定放电倍率循环寿命预测模型；针对蓄电池实际工作时放电倍率不断变化的情况，采用等效安·时（A·h）法推导出蓄电池不同放电倍率等效到某一固定放电倍率下的等效安·时（A·h）数，建立蓄电池行驶工况循环寿命预测模型，为评估复合能源对 LiFePO$_4$ 蓄电池寿命的影响提供依据。

第五章　分析复合能源不同拓扑结构特点，选择超级电容通过一个双向 DC/DC 变换器与蓄电池并联的半主动式复合能源拓扑结构，搭建纯电动矿车复合能源模型；通过对车辆动力性、续驶里程、单位里程能耗、驱动峰值功率提供和制动能量回收等约束条件进行分析，建立复合能源质量比、混合比与约束条件的关系，对复合能源进行初步参数匹配；采用基于规则的复合能源控制策略，针对不同的控制参数在 MATLAB/Simulink 平台进行行驶工况仿真，通过基于整车能耗最低和蓄电池行驶工况容量损耗最少的多目标优化方法，确定控制策略的主要控制参数；在 MATLAB/Simulink 平台对纯电动矿车采用不同数量超级电容与原车 360 块蓄电池组成不同质量比和混合比的复合能源进行行驶工况仿真，确定使得整车能耗最低的超级电容数量，完成复合能源参数匹配；在 MATLAB/Simulink 平台和 ADVISOR 2002 车辆仿真软件中对单一能源及复合能源分别进行行驶工况仿真，对比仿真结果，验证复合能源在减少蓄电池反复充放电冲击，延长蓄电池使用寿命，提高纯电动矿车能源系统效率和整车经济性能、动力性能方面的作用。

第六章　分析纯电动矿车再生制动系统结构和原理，确定提高再生制动能量回收的关键在于提高再生制动力在整车制动过程中所占的比例；在驱动电机力矩模型和蓄电池可提供功率模型基础上，建立车辆可提供再生制动力模型；分析车辆坡道制动力特点，建立纯电动矿车坡道制动力学模型；采用再生制动力优先控制策略建立基于车速、基于 I 曲线、基于 β 线和基于前轴制动力最大化的四种再生制动策略；对以最高车速在水平路面采用不同制动强度制动纯电动矿车进行仿真，研究不同制动策略的制动力分配和制动能量回收特点，分析纯电动矿车再生制动特点；对采用不同制动策略的纯电动矿车进行行驶工况仿真，对比再生制动能量回收情况，分析不同策略下的行驶工况再生制动能量回收能力。

　　针对上述主要研究内容，本书制定的技术路线如图 1-9 所示。

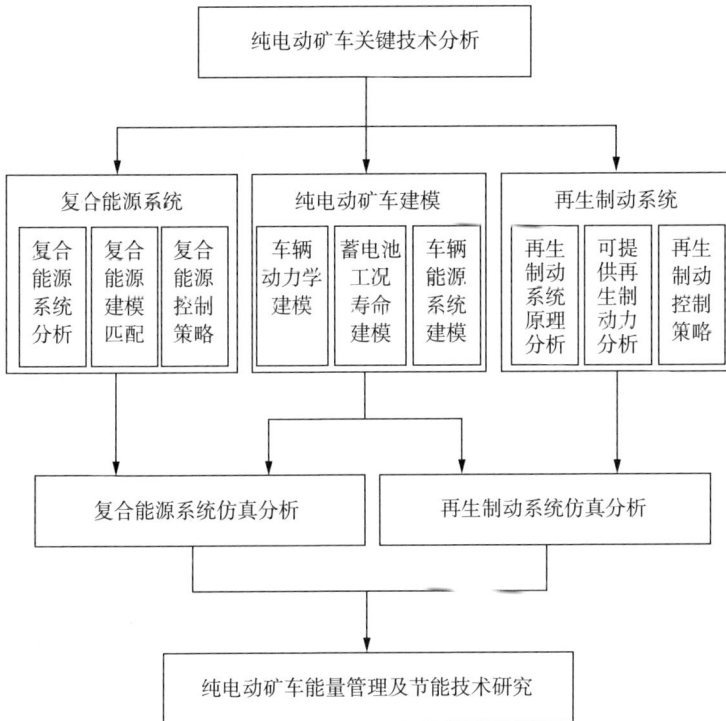

图 1-9　本书技术路线

# 2 纯电动矿车仿真方法及仿真软件

仿真技术是纯电动矿车研发的重要技术。通过仿真，可以快速为纯电动矿车车身、动力系统、能源系统、能量管理系统等各个子系统提供设计参数，简化不同子系统构型和匹配。通过仿真结果，可以确定最佳设计方案，在确定各个子系统和整车设计方案后，还可以通过仿真软件快速地对能量管理系统进行能量管理策略优化，从而大大降低研究成本，缩短开发周期。

## 2.1 纯电动矿车仿真方法

按照车辆仿真过程中信息流方向的不同，可以把纯电动汽车仿真方法分为两种，即前向仿真和后向仿真。二者主要区别在于是否存在驾驶员模型。

### 1. 前向仿真方法

前向仿真有驾驶员模型，其主要作用是通过循环工况车速需求和仿真车速，实时地提出调整加速踏板和制动踏板要求，把驾驶员意图转化为输出转矩、转速，进行能量管理。整车控制器根据驾驶员指令算出动力源应该提供的转矩，向传动系统提供输出转矩，经过车轮最终到达整车模型，实现对整车的控制。在仿真过程中，控制信号和功率流按照与实车相同的方向进行。前向仿真示意图如图 2-1 所示。

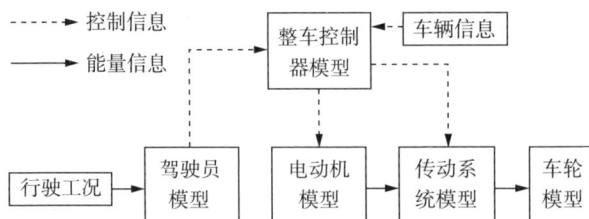

图 2-1　前向仿真示意图

2. 后向仿真方法

后向仿真没有驾驶员模型，其根据当前车速和循环工况对车辆速度的需求，计算出动力系统各部件所处的状态和应该提供的转矩、转速和功率等，按照整车、车轮、传动系统、电机、蓄电池顺序进行传递。在仿真过程中，数据流按照与实车相反的方向进行。后向仿真示意图如图 2-2 所示。

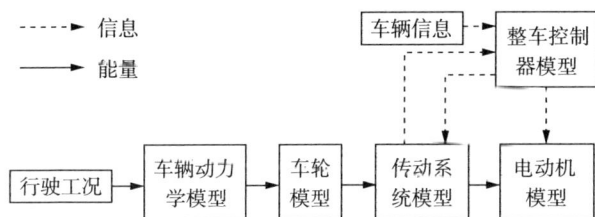

图 2-2　后向仿真示意图

## 2.2　纯电动矿车仿真软件

国外早在 20 世纪 70 年代就开始研究包括电动汽车在内的建模与仿真技术，目前，适用于电动汽车仿真的软件已达十多种，一些大型汽车公司都有各自的专用仿真软件系统。纯电动汽车仿真可以采用专业软件如 ADVISOR、PSAT（PNGV System Analysis Toolkit）和 CRUISE，或者通用软件如 MATLAB 及其 Simulink 和 State flow 工具箱等。本书选择 MATLAB/Simulink 和 ADVISOR 2002 作为仿真软件。

1. MATLAB/Simulink 系统仿真软件

MATLAB/Simulink 是由美国 MathWorks 公司出品的商业数学软件，主要产品包括 MATLAB、Simulink、State flow Complier 等。MATLAB 是整个产品系列的基座，支持矩阵和线性代数，作为一个语言编程平台为使用者提供一个多工具使用的集成环境。其具有开发环境便利、数学计算能力强大、编程语言简单高效、图形处理功能突出等特点，同时还拥有强大的功能性工具箱和学科性工具箱，可外接其他应用程序实现多语言混合编程。MATLAB 启动界面如图 2-3 所示。

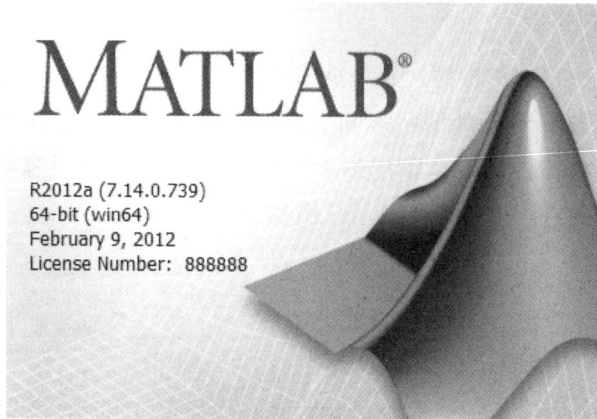

图 2-3　MATLAB 启动界面

Simulink 是 MATLAB 的一个工具箱，可以实现对工程问题的模型化和动态仿真，提供友好的图形交互界面，能够让使用者通过模块组合快速创建动态系统模型，具有建模方式直观、可自定义模块、仿真快速准确、可分层构建复杂系统、交互性仿真分析等特点。

2. ADVISOR 2002 仿真软件

ADVISOR 2002 是美国国家可再生能源实验室 NREL（National Renewable Energy Laboratory）在 MATLAB 和 Simulink 软件环境下开发的以后向仿真为主、前向仿真为辅的高级车辆仿真软件。ADVISOR 2022 启动界面如图 2-4 所示。

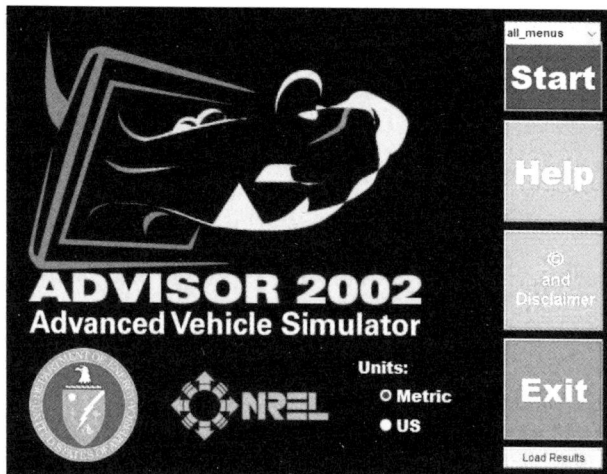

图 2-4　ADVISOR 2002 启动界面

（1）ADVISOR 2002 的特点

该软件可免费获得，仿真模型和源代码全部开放，可以方便使用者研究和进行二次开发。该软件采用模块化设计思想，以后向仿真为主、前向仿真为辅的混合仿真方法，结合了两种仿真方法的优点。软件语法结构简单，计算效率高，仿真速度快，还能保证计算精度，同时能够与其他多种软件进行联合仿真。

（2）ADVISOR 2002 的功能

ADVISOR 2002 的基本功能是仿真汽车的动力性能（加速度、最高车速和爬坡性能）和经济性能（燃油经济性）。同时，ADVISOR 2002 还为整车和部件参数的设计与研究提供了一个仿真平台，可以便捷地对车辆参数进行设置和优化匹配。对于混合动力汽车，其能量管理策略直接影响整车性能，ADVISOR 2002 可以评价其能量管理策略。对于传统汽车，其变速器传动比和换挡规律影响着整车的经济性能和动力性能，ADVISOR 2002 可以研究其变速器的换挡规律。

# 3 纯电动矿车建模

非公路矿用自卸车按照车体结构通常分为两大类：刚性自卸车和铰接式自卸车。刚性自卸车具有刚性车架；铰接式自卸车的车头与车架分别独立运动，通过一个摆动式连接装置连接。本书所研究的纯电动矿车为铰接双轴四驱矿用自卸车，车体结构如图 3-1 所示。该车采用 360 块 180 串联×2 并联 LiFePO$_4$ 蓄电池作为车载能源装置；驱动电机为 2 台额定电压 540V 的永磁无刷直流电机，额定功率 200kW，最高转速 3600r/min，最大扭矩 2500N·m。整车自重 45t，载重 55t，最高车速 15km/h，最大爬坡度在 3.5km/h 时 15%，满载续航里程 10km/h 时 45min，该车辆主要参数见表 3-1 所列。

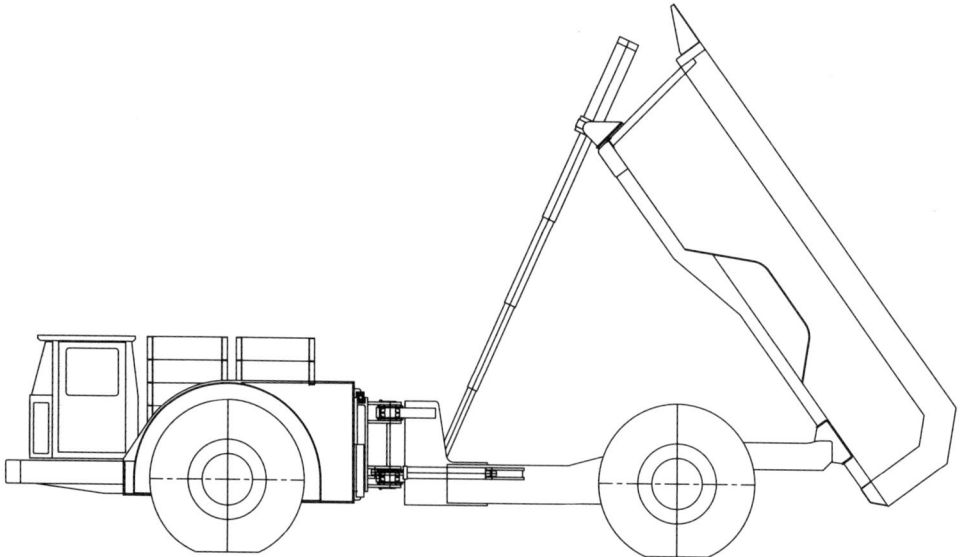

图 3-1  55t 铰接式纯电动矿车车体结构

表 3 - 1　该车辆主要参数

| 参　数 | | 数　值 |
|---|---|---|
| 整　车 | 载质量 | 55000kg |
| | 整车整备质量 | 45000kg（含蓄电池） |
| | 最高车速 | 15km/h |
| | 最大爬坡度 | 15％@3.5km/h |
| | 车桥减速比 | 78.23 |
| | 滚动阻力系数 | 0.04 |
| | 风阻系数 | 0.7 |
| | 迎风面积 | $7m^2$ |
| | 工作时间 | 满载，10km/h，水平道路行驶 45min |
| 永磁无刷直流电机 | 额定电压 | 540V DC |
| | 额定功率 | 200kW |
| | 最大扭矩 | 2500N·m |
| | 电机最高转速 | $3600r·min^{-1}$ |
| | 数　量 | 2（四驱） |
| LiFePO₄ 蓄电池 | 额定电压 | 3.2V |
| | 额定容量 | 100A·h |
| | 质　量 | 3.15kg |
| | 数　量 | 360 |
| | 循环寿命 | 2500（80％DOD，剩余容量 80％） |
| | 工作温度 | −20～55℃ |

该矿车的驱动布置形式如图 3 - 2 所示。由车载蓄电池提供能量，向驱动电机提供电能，驱动电机将电能转化为机械能，通过主减速器、半轴驱动车轮转动。

本书使用模块化设计思想，在 MATLAB/Simulink 环境下采用后向仿真方法建立车辆驱动链模型，如图 3 - 3 所示。该模型包含工况文件、整车模块、主减速器变速器模块、电动机模块和能量存储模块等。模型从左至右以工况文件为输入，向左传递车速、坡度、转矩和转速或功率需求。

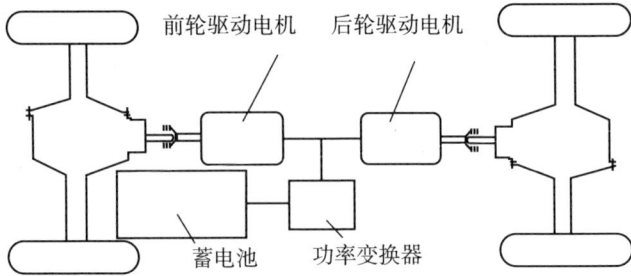

图 3-2　纯电动矿车驱动布置形式

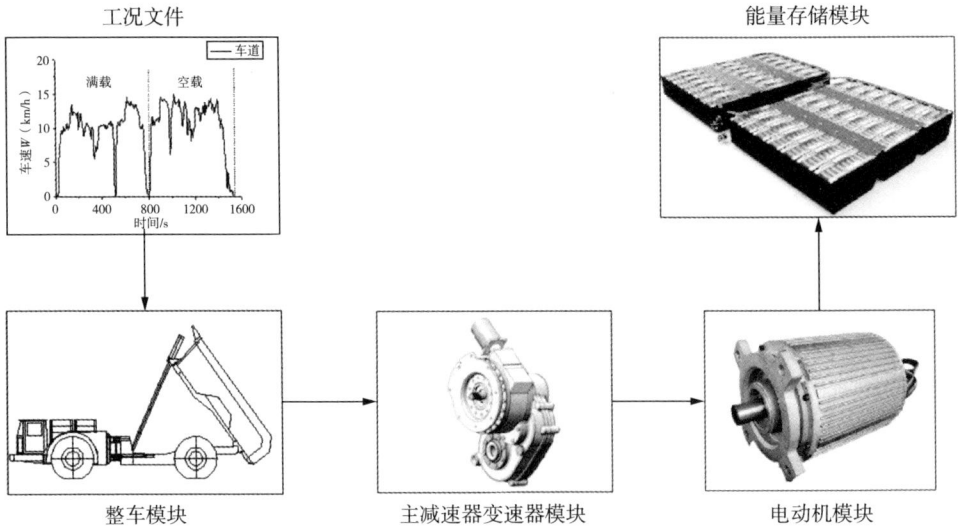

图 3-3　驱动链模型

# 3.1　纯电动矿车基本结构和工作原理

## 3.1.1　纯电动矿车基本结构

由于纯电动矿车的驱动系统、储能装置和能量传递方式与传统汽车不同，能量主要通过电缆电线传递而不是刚性机械连接，因此在结构布置上具有更多的灵活性。纯电动矿车结构如图3-4所示，可分为三个子系统，即能源子系统、电力驱动子系统、辅助子系统。

1. 能源子系统

由能量源、能量管理系统和充电控制单元构成。

2. 电力驱动子系统

由整车控制器、驱动控制器、电动机、机械传动装置和驱动车轮等部分组成。

3. 辅助子系统

由辅助动力源、温度控制单元和助力转向单元等组成。

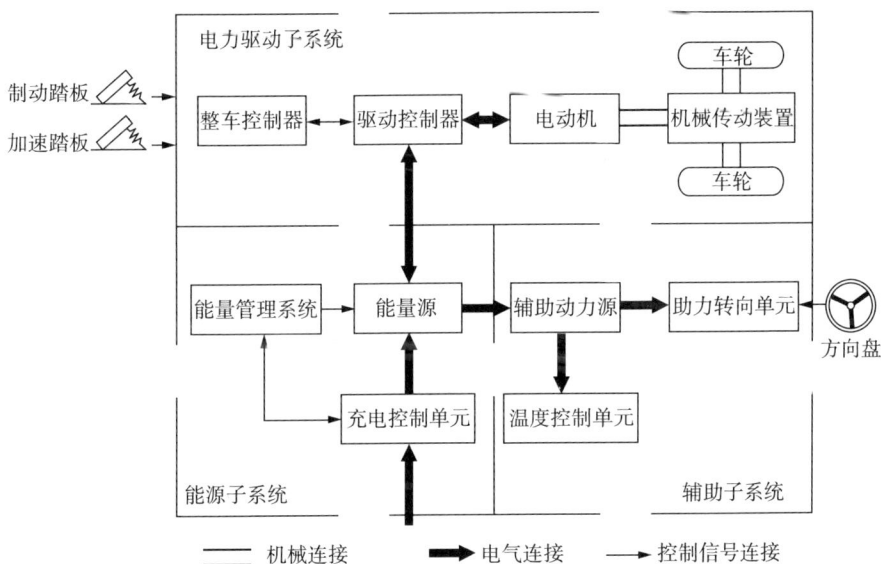

图 3-4 纯电动矿车结构

## 3.1.2 纯电动矿车工作原理

1. 能源子系统工作原理

能源子系统主要功能是向驱动电机提供电能,实时监测车载能源状态,估算车载能源的使用情况,如对能源荷电状态 $SOC$ 进行估算,控制充电单元向车载能源充电等。

能量管理系统通过对车载能量源充、放电的电压、电流及能量源的温度进行监测,监控车载能量源的使用情况,估算车载能量源的荷电状态 $SOC$。

充电控制单元是把交流电转化为相应电压的直流电,并按照要求控制电流。

## 2. 电力驱动子系统工作原理

电力驱动子系统的主要功能是将存储在车载能源系统中的电能高效地转换为车辆动能，在车辆制动或者减速时，尽可能多地将车辆动能转换为电能储存在车载能源系统中。

整车控制器根据加速踏板和制动踏板的输入信号解读驾驶员操作意图，向驱动控制器发出控制指令，由驱动控制器对电动机进行控制，完成纯电动矿车的启动、加速、减速和再生制动控制。

驱动控制器根据整车控制器的指令和电动机状态信号如速度、电流等对电动机进行调速，改变电动机扭矩和旋转方向等。

电动机是纯电动矿车的唯一动力装置，负责将电能转换为机械能驱动纯电动矿车行驶。再生制动时，电动机又作为发电机使用，将车辆动能转化为电能。

机械传动装置负责将电动机的驱动转矩传递给驱动轴，驱动车轮带动纯电动矿车行驶。

## 3. 辅助子系统工作原理

辅助子系统除辅助动力源以外，会因车辆的不同设计需求而有所不同。

辅助动力源主要由辅助电源和 DC/DC 功率变换器组成，主要功能是为纯电动矿车的各种辅助装置提供所需的动力电源，如空调、照明、车灯、显示、电动门窗等辅助装置所需要的电源。辅助装置是指各种为提高纯电动矿车安全性、操控性和舒适性而设置的装置，包括各种声光信号装置、电动门窗、电动座椅、空调、车载音响、雨刮器等。

助力转向单元是为实现纯电动矿车转弯而设置。

本书所研究的纯电动矿车采用 24V 蓄电池单独为弱电系统供电，它与动力高压电池组之间没有联系，在纯电动矿车停车充电时，单独有充电装置为 24V 蓄电池充电。

# 3.2  纯电动矿车动力性能和动力学模型

## 3.2.1  纯电动矿车动力性能

汽车动力性是指汽车在良好路面上直线行驶时由汽车受到的纵向外力决定

的、所能达到的平均行驶速度。动力性是汽车各种性能中最基本、最重要的性能。汽车动力性主要由最高车速、加速时间和最大爬坡度三个方面指标来评定。作为非公路超宽运输车辆，纯电动矿车动力性能也采用上述三个指标来衡量。

1. 最高车速

最高车速是指在水平良好的路面（混凝土或沥青）上车辆能达到的最高行驶车速。本书所研究纯电动矿车满载时最高车速为 15km/h。

2. 加速时间

加速时间体现了车辆的加速能力，它包括原地起步加速时间和超车加速时间。原地起步加速时间是指汽车由一挡或者二挡起步，并以最大的加速强度（包括选择恰当的换挡时机）逐步换至最高挡后到某一预定的距离或车速所需的时间。超车加速时间是指用最高挡或者次高挡，由某一较低车速全力加速至某一较高车速所需的时间。因为汽车超车会与被超车车辆并行，容易发生安全事故，所以超车加速能力越强，并行行驶的时间就越短，行程也越短，行驶就越安全。对于纯电动矿车来说，其最高设计车速只有 15km/h，车辆启动后，约 1.5s 就可以达到最高车速。

3. 最大爬坡度

车辆的爬坡能力用满载（或某一载质量）时车辆在良好路面上的最大爬坡度表示。本书所研究的纯电动矿车满载在速度为 3.5km/h 时，爬坡度为 15%。

### 3.2.2　纯电动矿车动力学模型

1. 整车动力学模型

纯电动矿车整车动力学模型的主要作用是根据车辆行驶动力学模型计算出车辆行驶中所需的牵引力，计算过程中考虑了车辆的滚动阻力、坡道阻力、空气阻力和加速阻力。车辆沿纵向行驶方向的受力状况如图 3-5 所示，根据牛顿第二定律，由受力平衡得到车辆行驶方程：

$$F_t = \sum F \qquad\qquad (3-1)$$

式中：$F_t$——驱动力；

　　　$\sum F$——所有行驶阻力之和。

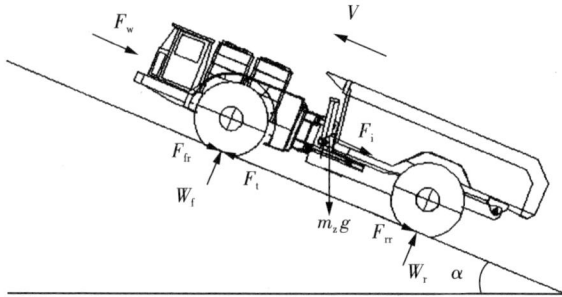

图 3-5　纯电动矿车受力示意图

（1）纯电动矿车牵引力

传统燃油汽车的牵引力是由发动机的转矩经传动系统传至驱动轮，而纯电动矿车的牵引力则是由电动机的转矩经传动系统传至驱动轮。如图 3-5 所示，地面对车辆驱动轮的反作用力 $F_t$ 即是牵引力，假设电动机转矩经传动系统传至驱动轮上产生的力矩为 $T_t$，则有

$$F_t = \frac{T_t}{r} \tag{3-2}$$

式中：$r$——车轮半径。

若电动机产生的转矩为 $T_m$，则有

$$T_t = T_m \, i_{gb} \, i_0 \, \eta_t \tag{3-3}$$

式中：$i_{gb}$——变速器传动比；

　　　$i_0$——主减速器传动比；

　　　$\eta_t$——传动系统效率。

将式（3-3）代入式（3-2）得到纯电动矿车驱动力和电动机转矩的关系为：

$$F_t = \frac{T_m \, i_{gb} \, i_0 \, \eta_t}{r} \tag{3-4}$$

（2）纯电动矿车行驶阻力

纯电动矿车行驶中会受到来自地面的滚动阻力 $F_r$、来自空气的空气阻力 $F_w$、来自重力沿坡道的分力产生的爬坡阻力 $F_i$ 和车辆加速时的加速阻力 $F_a$，则纯电动矿车行驶时受到的行驶阻力为：

$$\sum F = F_r + F_w + F_i + F_a \tag{3-5}$$

① 滚动阻力 $F_r$

滚动阻力基本上是由轮胎材料的迟滞作用引起的，受轮胎材料、结构、温度、充气压力、几何形状及路面类型影响，可由式(3-6)近似计算：

$$F_r = F_{fr} + F_{rr} = mgf\cos\alpha \tag{3-6}$$

式中：$F_{fr}$——前轮滚动阻力；

$F_{rr}$——后轮滚动阻力；

$m$——车辆质量；

$g$——重力加速度；

$f$——滚动阻力系数；

$\alpha$——路面坡度角。

滚动阻力系数 $f$ 由实验测定，常见的滚动阻力系数见表3-2所列。

表 3-2 不同路况滚动阻力系数 $f$ 的数值

| 路况 | 滚动阻力系数 |
|---|---|
| 良好的混凝土或沥青路面 | 0.013 |
| 碎石路面 | 0.020～0.025 |
| 坑洼卵石路面 | 0.035～0.050 |
| 湿沙路面 | 0.060～0.150 |
| 干沙路面 | 0.100～0.300 |

② 空气阻力 $F_w$

纯电动矿车受到的空气阻力为其行驶时在前进方向上受到的空气阻力分力，表示为：

$$F_w = \frac{1}{2}C_D A\rho u^2 \tag{3-7}$$

式中：$C_D$——空气阻力系数；

$A$——迎风面积；

$\rho$——空气密度；

$u$——初始需求车速。

③ 爬坡阻力 $F_i$

爬坡阻力是车辆重力由路面坡度而产生的一个始终指向下坡方向的分力，表示为：

$$F_i = mg\sin\alpha \qquad (3-8)$$

④ 加速阻力 $F_a$

加速阻力由车辆质量在加速运动时的惯性力产生，表示为：

$$F_a = \delta m \frac{\mathrm{d}u}{\mathrm{d}t} \qquad (3-9)$$

式中：$\delta$—— 汽车旋转质量换算系数，$\delta > 1$；

$\dfrac{\mathrm{d}u}{\mathrm{d}t}$—— 车辆行驶加速度。

⑤ 初始车速 $u$

$$u = \frac{v_t + v_0}{2} \qquad (3-10)$$

式中：$v_0$—— 上一步长计算车速；

$v_t$—— 当前仿真步长结束时的车速。

2. 车轮动力学模型

车轮动力学模型用来模拟车轮在行驶中的运动状态。假设行驶过程中，车轮半径 $r$ 保持不变，地面附着系数足够，以平均车速 $u$ 作为需求车速，则某时刻车轮需求力矩和转速为：

$$T_{\mathrm{Wh\_r}} = (F_t - F_{\mathrm{break}})r + T_{\mathrm{Wh\_loss}} + T_{\mathrm{Wh\_inertia}} \qquad (3-11)$$

$$\omega_{\mathrm{Wh\_r}} = (1 + \varphi)u/r \qquad (3-12)$$

式中：$T_{\mathrm{Wh\_r}}$—— 车轮需求输入转矩；

$F_{\mathrm{break}}$—— 制动力；

$T_{\mathrm{Wh\_loss}}$—— 车轮拖拽转矩损失；

$T_{\mathrm{Wh\_inertia}}$—— 车轮加速惯性转矩；

$\omega_{\mathrm{Wh\_r}}$—— 考虑轮胎滑移率的车轮需求输入转速；

$\varphi$—— 轮胎滑移率。

3. 变速器动力学模型

设主减速器速比为 $i_0$，考虑摩擦转矩损失 $T_{\mathrm{fd\_loss}}$ 和加速惯性损失 $T_{\mathrm{fd\_inertia}}$ 的作用，主减速器需求输入转矩 $T_{\mathrm{fd\_r}}$ 和转速 $\omega_{\mathrm{fd\_r}}$ 为：

$$T_{\mathrm{fd\_r}} = T_{\mathrm{Wh\_r}}/i_0 + T_{\mathrm{fd\_loss}} + T_{\mathrm{fd\_inertia}} \qquad (3-13)$$

$$\omega_{\text{fd}\_\text{r}} = \omega_{\text{Wh}\_\text{r}} i_0 \tag{3-14}$$

若变速器速比为 $i_{\text{gb}}$，考虑摩擦转矩损失 $T_{\text{gb}\_\text{loss}}$ 和加速惯性损失 $T_{\text{gb}\_\text{inertia}}$ 的作用，变速器需求输入转矩 $T_{\text{gb}\_\text{r}}$ 和转速 $\omega_{\text{gb}\_\text{r}}$ 为：

$$T_{\text{gb}\_\text{r}} = T_{\text{fd}\_\text{r}} / i_{\text{gb}} + T_{\text{gb}\_\text{loss}} + T_{\text{gb}\_\text{inertia}} \tag{3-15}$$

$$\omega_{\text{gb}\_\text{r}} = \omega_{\text{fd}\_\text{r}} i_{\text{gb}} \tag{3-16}$$

### 3.2.3 纯电动矿车功率和能量需求分析

将上一步长计算的车速与当前步长的需求车速平均值作为初始需求车速，其与牵引力的乘积即是车辆行驶的需求牵引功率。由 3.2.2 可知，纯电动矿车在行驶过程中克服各种阻力所需要的功率为：

$$P_{\text{r}} = \frac{mgf\cos\alpha}{3600} u \tag{3-17}$$

$$P_{\text{w}} = \frac{C_{\text{D}} A u^2}{76140} u \tag{3-18}$$

$$P_{\text{i}} = \frac{mg\sin\alpha}{3600} u \tag{3-19}$$

$$P_{\text{a}} = \frac{\delta m}{3600} \frac{\mathrm{d}u}{\mathrm{d}t} u \tag{3-20}$$

式中：$P_{\text{r}}$—— 克服滚动阻力所做的功；

$\qquad P_{\text{w}}$—— 克服空气阻力所做的功；

$\qquad P_{\text{i}}$—— 克服坡道阻力所做的功；

$\qquad P_{\text{a}}$—— 克服加速阻力所做的功。

由上可知，电动机输出功率 $P_{\text{e}}$ 始终等于纯电动矿车的阻尼功率和加速动态功率之和，即

$$P_{\text{e}} = \frac{u}{3600 \, \eta_{\text{t}}} \left( mgf\cos\alpha + \frac{C_{\text{D}} A u^2}{21.15} + mg\sin\alpha + \delta m \frac{\mathrm{d}u}{\mathrm{d}t} \right) \tag{3-21}$$

式中：$\eta_{\text{t}}$—— 整车动力传动系统效率。

如果纯电动矿车储能系统效率为 $\eta_{\text{b}}$，则纯电动矿车行驶过程中所需的功率 $P_{\text{veh}}$ 可以表示为：

$$P_{\text{veh}} = \frac{P_{\text{e}}}{\eta_{\text{b}}} = \frac{u}{3600 \, \eta_{\text{t}} \, \eta_{\text{b}}} \left( mgf\cos\alpha + \frac{C_{\text{D}} A u^2}{21.15} + mg\sin\alpha + \delta m \frac{\mathrm{d}u}{\mathrm{d}t} \right) \tag{3-22}$$

$t$ 时刻纯电动矿车行驶所需的能量为：

$$E_t = P_{veh}t \qquad\qquad (3-23)$$

## 3.3 驱动电机模型

本书所研究车辆采用的是永磁无刷直流电机，主要参数见表 3-1 所列。图 3-6 为逆变器和驱动电机等效电路，由蓄电池作为直流电源进行供电，主电路由三相桥式电路构成。

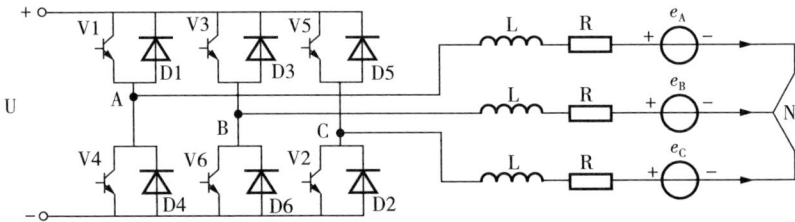

图 3-6 逆变器和驱动电机等效电路

假设：

(1) 三相绕组在空间上完全对称；

(2) 电动机处于非饱和状态；

(3) 所有定子线组的电阻、自感和互感相等且为常值；

(4) 不计涡流和磁滞损耗；

(5) 不计铜耗、铁耗；

(6) 逆变器为理想器件。

则电机三相绕组电压方程式为：

$$\begin{bmatrix} u_A \\ u_B \\ u_C \end{bmatrix} = \begin{bmatrix} R & 0 & 0 \\ 0 & R & 0 \\ 0 & 0 & R \end{bmatrix} \begin{bmatrix} i_A \\ i_B \\ i_C \end{bmatrix} + p \begin{bmatrix} L & 0 & 0 \\ 0 & L & 0 \\ 0 & 0 & L \end{bmatrix} \begin{bmatrix} i_A \\ i_B \\ i_C \end{bmatrix} + \begin{bmatrix} e_A \\ e_B \\ e_C \end{bmatrix} \qquad (3-24)$$

式中：$u_A$、$u_B$、$u_C$——A、B、C 端点相对于中性点 N 的电压值；

$R$——定子绕组各项电阻；

$i_A$、$i_B$、$i_C$——定子绕组相电流瞬时值;

$p$——微分算子;

$L$——定子绕组各项等效电感;

$e_A$、$e_B$、$e_C$——定子绕组反电动势瞬时值。

电动机从蓄电池吸收的电功率通过电磁作用转化为电磁功率,不计转子机械损耗,电磁功率全部转化为转子的动能,则转子的电磁转矩可以表示为:

$$T_e = \frac{e_A i_A + e_B i_B + e_C i_C}{\omega_m} \qquad (3-25)$$

式中:$T_e$——电动机电磁转矩;

$\omega_m$——转子角速度。

当电动机工作于两两导通方式下,每一时刻只有两项绕组导通,不考虑换相暂态过程,反电动势 $e$ 和电磁转矩 $T_e$ 可以简化为:

$$e = k_e \omega_m \qquad (3-26)$$

$$T_e = k_T i \qquad (3-27)$$

式中:$k_e$——反电动势常数。

$k_T$——转矩常数;

$i$——相电流。

由式(3-24)至式(3-27),忽略相电感可得驱动电机机械特性方程式:

$$n = n_0 - \beta T_e \qquad (3-28)$$

式中:$n_0 = \dfrac{u}{k_e}$——电机理想空载转速;

$\beta = \dfrac{R}{k_e k_T}$——电机机械特性斜率。

图 3-7 给出了驱动电机四象限运行机械特性 $M_I - M_{IV}$,I - IV 象限依次为正转电动、正转制动、反转电动及反转制动。

电动机输出轴的机械运动方程为:

$$T_e - T_m = J_m \frac{d\omega}{dt} + B \omega_m \qquad (3-29)$$

式中:$T_m$——电动机输出转矩;

$J_m$——电动机转动惯量;

$B$——黏性阻力系数。

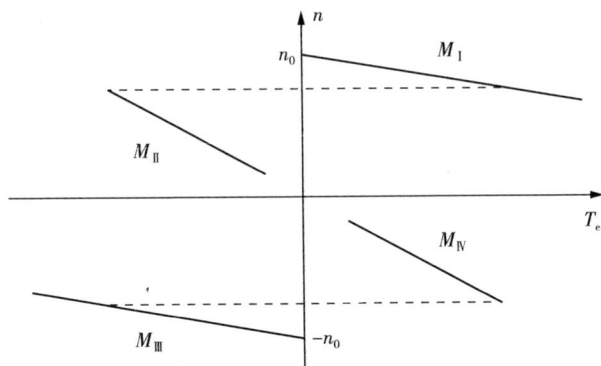

图 3-7 驱动电机四象限运行机械特性

电动机工作时，无论是处于电动运转还是制动运转状态，由于铁损、铜损及摩擦损失等原因，都会产生功率损失，这种损失可以在电动机实验台架上进行测量，具体做法是让电动机以一定的角速度和转矩稳定运行，测量电动机的功率，电动机效率可以表示为：

$$\eta_{\mathrm{m}} = \frac{P_{\mathrm{mech}}}{P_{\mathrm{ele}}} = \eta_{\mathrm{m}}(T_{\mathrm{m}}，\omega_{\mathrm{m}}) \tag{3-30}$$

$$\eta_{\mathrm{r}} = \frac{P_{\mathrm{ele}}}{P_{\mathrm{mech}}} = \eta_{\mathrm{r}}(T_{\mathrm{m}}，\omega_{\mathrm{m}}) \tag{3-31}$$

式中：$\eta_{\mathrm{m}}$——电动机电动效率；

$P_{\mathrm{mech}}$——电动机机械功率；

$P_{\mathrm{ele}}$——电动机电功率；

$\eta_{\mathrm{r}}$——电动机发电效率；

本书所采用的永磁无刷直流电机在额定电压下的电动效率和发电效率如图 3-8 所示。

电机模块根据变速器传递的需求转矩和转速，考虑电机加速惯性转矩损失计算电机需求转矩 $T_{\mathrm{m\_r}}$ 和转速 $\omega_{\mathrm{m\_r}}$，通过查询电机转矩、转速-功率 MAP 图获得电机效率 $\eta_{\mathrm{m}}$，求解电机需求输入功率 $P_{\mathrm{m\_r}}$：

$$T_{\mathrm{m\_r}} = T_{\mathrm{gb\_r}} + T_{\mathrm{m\_inertia}} \tag{3-32}$$

$$\omega_{\mathrm{m\_r}} = \omega_{\mathrm{gb\_r}} \tag{3-33}$$

$$P_{\mathrm{m\_r}} = f(T_{\mathrm{m\_r}}，\omega_{\mathrm{m\_r}}，\eta_{\mathrm{m}}) \tag{3-34}$$

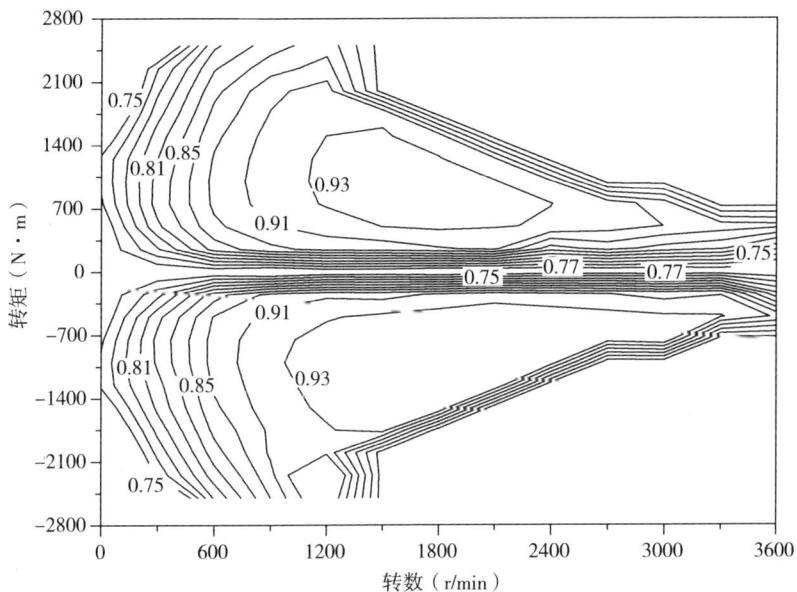

图 3-8 电机功率 MAP 图

## 3.4 纯电动矿车能量存储系统模型

### 3.4.1 磷酸铁锂（LiFePO₄）蓄电池

1. LiFePO₄ 蓄电池原理和特点

可用于纯电动矿车的蓄电池主要有铅酸蓄电池、镍基蓄电池、锂基蓄电池等，常用蓄电池对比见表 3-3 所列。蓄电池作为一种电化学装置，是目前纯电动矿车相对最成熟的可用能源装置，可以较好地作为纯电动矿车的持续能量源，但在对峰值功率需求和再生能量的回收上，由于化学反应需要时间，其响应较慢、效率较低，且蓄电池普遍具有比功率低、循环寿命短（一般为 1000～3000 次）、低温工作性能较差等缺点，在大电流充放电及频繁充放电工况下寿命会大大缩短。

LiFePO₄ 蓄电池是指用磷酸铁锂作为电池正极材料的锂离子电池，其充放电效率在三种常见的蓄电池中最高，可达 $85\%\sim95\%$。

表 3-3　常见蓄电池对比

| 种　类 | 比能量<br>W·h/kg | 能量密度<br>W·h/L | 比功率<br>W/kg | 循环<br>次数 | 效　率<br>% |
|---|---|---|---|---|---|
| 铅酸蓄电池 | 30～50 | 60～100 | 180 | 1000 | >80 |
| 镍基蓄电池 | 50～95 | 180～300 | 200 | 2000～3000 | 75 |
| 锂基蓄电池 | 80～250 | 200～400 | 200～450 | >2000 | 85～95 |

如图 3-9 所示，LiFePO$_4$蓄电池正极是含金属锂的磷酸铁锂 LiFePO4 化合物，负极是石墨或碳（一般多用石墨），正负极之间使用有机溶剂作为电解质。充电时，正极上分解生成锂离子，锂离子通过电解质进入电池负极，嵌入负极碳层的微孔中；放电时，嵌在负极碳层微孔中的锂离子又回到正极，它的充放电电极反应为：

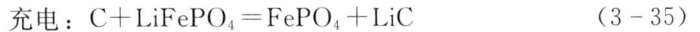

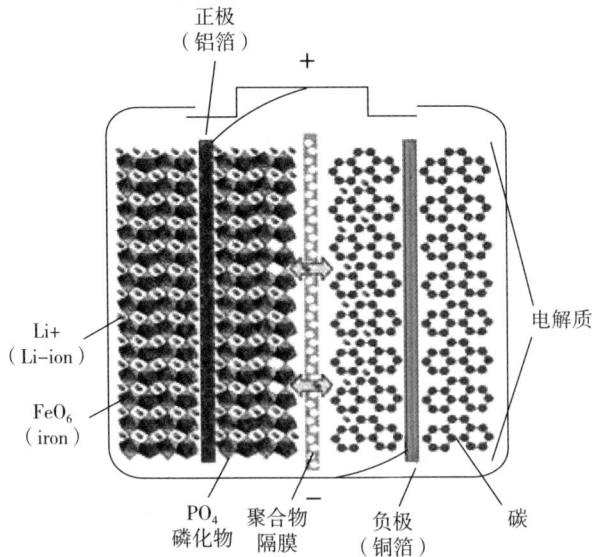

$$充电：C+LiFePO_4=FePO_4+LiC \tag{3-35}$$

$$放电：FePO_4+LiC=C+LiFePO_4 \tag{3-36}$$

图 3-9　LiFePO$_4$ 蓄电池内部结构

LiFePO$_4$蓄电池相比其他蓄电池具有安全性能高、寿命长、高温性能好、容量大、无记忆效应和绿色环保等优点。因磷酸铁锂的 P-O 键稳固，在高温和过充的情况下也不会发生结构崩塌或者形成强氧化物，因此安全性较好；相比铅酸蓄电池，LiFePO$_4$蓄电池循环寿命最高可超过 2000 次；其电热峰值可达 350～500℃，单体容量为 5～1000 A·h；不像镍基电池存在记忆性，LiFePO$_4$蓄电池可以随时充电随时使用；LiFePO$_4$蓄电池另一大优势就是环保，它不含任何有毒物质，不含重金属与稀有金属，无污染。但是，LiFePO$_4$蓄电池也存在着一些不足，比如低温性能差，有实验表明 LiFePO$_4$蓄电池在低温环境下（如 0℃ 以下）使用时，无法给电动汽车提供足够的能量驱使其行驶；LiFePO$_4$蓄电池的另一个不足就是成本高。LiFePO$_4$蓄电池能量密度高，相同容量体积更小，能够节省更多的车辆空间，加上其使用寿命长，与铅酸蓄电池比较，有研究表明 LiFePO$_4$蓄电池的性能价格比理论上可达铅酸电池的 4 倍。

在纯电动矿车上使用 LiFePO$_4$蓄电池，投入成本和更换成本是比较高的。此外，由于纯电动矿车载重大，峰值需求功率高，使用中会对 LiFePO$_4$蓄电池带来大电流反复充放电冲击，这会加快其衰退老化，大大缩短其使用寿命。如果能够在纯电动矿车车载能源系统中加入超级电容，与 LiFePO$_4$蓄电池组成复合能源系统，由超级电容提供驱动峰值功率，回收再生制动能量，就能够对 LiFePO$_4$蓄电池起到削峰填谷作用，减少大电流反复充放电对其带来的冲击，延长其使用寿命。同时，由于超级电容的高效率迅速充放电能力，还能够提高车载能源系统的整体效率，提高车辆的经济性能。

2. LiFePO$_4$蓄电池模型

（1）常见的纯电动汽车能量存储系统模型

作为纯电动矿车的主要动力源，了解能量存储系统（蓄电池、超级电容）的充放电过程，采用准确的模型模拟蓄电池的工作过程十分重要。蓄电池组看似一个简单的电能存储系统，其充放电过程是一个电化学过程，会受到温度的影响，是一个与多个实时变化参数有关的非线性函数，因此建立能够准确模拟蓄电池工作过程的模型有一定的难度。常见的动态模拟蓄电池电化学工作过程的模型有以下几种：

① 内阻模型（Rint 模型）

该模型最初由美国国家工程和环境实验室 INEEL（Idaho National Engineering and Environmental Laboratory）建立，模型中蓄电池电压 $V_{oc}$ 和电阻 $R$ 随着蓄

电池的荷电状态 $SOC$、温度 $T$ 和蓄电池电流方向（例如电池充电或放电）变化而变化，能够模拟蓄电池组的大部分电化学过程。美国国家可再生能源实验室 NREL 对该模型进行了发展，加入了参数温度变化、电压限制、安·时累计 $SOC$ 估算及蓄电池热模型。建立蓄电池 Rint 模型参数需要对蓄电池进行三项实验：容量试验、开路电压试验、内阻试验。蓄电池 Rint 模型如图 3-10 所示。

$$R = \Delta U/I = f(SOC, T, \text{charge/discharge})$$

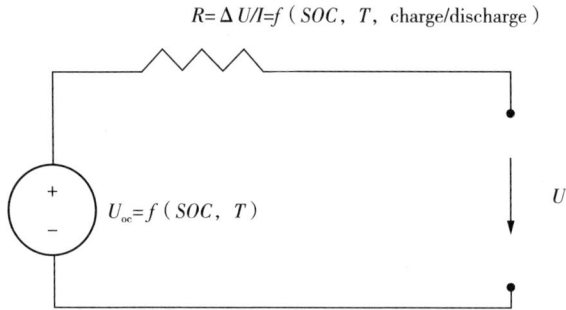

图 3-10　蓄电池 Rint 模型

② 电阻－电容模型（RC 模型）

该模型由美国国家可再生能源实验室 NREL 建立，基于双电容（$C_b$ 和 $C_c$）和三个电阻（$R_e$、$R_c$ 和 $R_t$）组成。电容 $C_b$ 很大，表示蓄电池的化学能存储能力；电容 $C_c$ 很小，表示蓄电池的表面效应。所有参数随蓄电池的荷电状态 $SOC$ 和温度 $T$ 变化而变化。RC 模型参数的确定可以通过 PNGV 电池测试手册中概述的混合动力脉冲表征（HPPC）测试获得。蓄电池 RC 模型如图 3-11 所示。

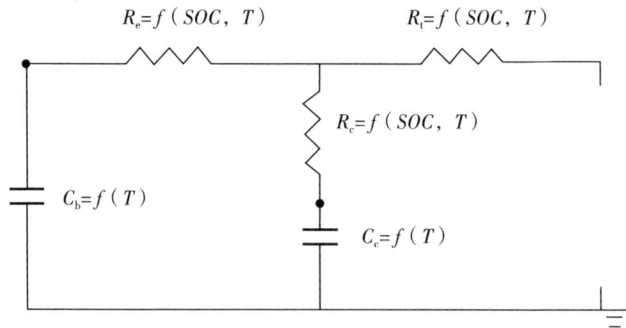

图 3-11　蓄电池 RC 模型

③ 基于铅酸电池模型（Fundamental Lead Acid 模型）

该模型为杨百翰大学化学工程系教授 John Harb 为美国国家可再生能源实

验室 NREL 开发的。该模型基于蓄电池的成流化学反应，同时兼顾材料的性能，材料性能随温度的变化而变化。这一模型缺陷在于需要很多参数，而且该模型仅限于铅酸电池使用。蓄电池 Fundamental Lead Acid 模型如图 3 - 12 所示。

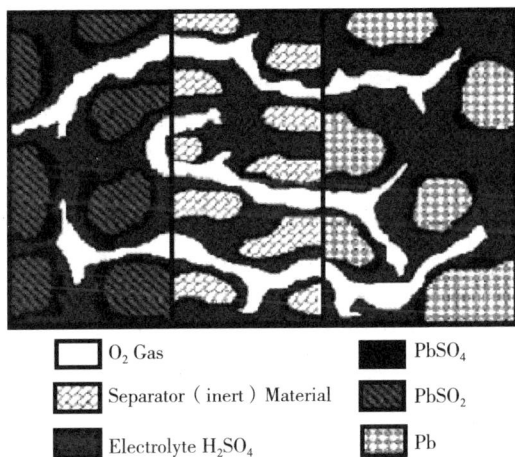

图 3 - 12　蓄电池 Fundamental Lead Acid 模型

④ 蓄电池神经网络模型（Neural Network Model 模型）

该模型由科罗拉多大学机械工程系 R. MA. hajan 教授为美国国家可再生能源实验室 NREL 开发的。该模型是一个两层神经网络，将所请求的功率和蓄电池当前 $SOC$ 作为输入，输出是蓄电池的电流和电压。该模型用于 12V 铅酸模块的表征，利用运行温度为 25℃ 的电池试验数据，对神经网络模型进行了训练。由于模型训练时可用试验数据的温度范围有限，该模型对温度不敏感。蓄电池 Neural Network Model 模型如图 3 - 13 所示。

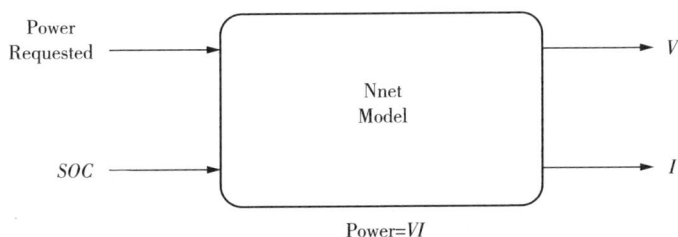

图 3 - 13　蓄电池 Neural Network Model 模型

综上所述，Rint 模型和 RC 模型均可用于描述 LiFePO₄ 蓄电池，为简化研究，本书选择 Rint 模型建立所采用的 LiFePO₄ 蓄电池模型。

（2）LiFePO₄ 蓄电池 Rint 模型

本书所研究车辆蓄电池主要参数见表 3－1 所列，采用 LiFePO₄ 蓄电池，额定电压为 3.2V，容量为 100A·h。LiFePO₄ 蓄电池 Rint 模型等效电路结构如图 3－14 所示。根据蓄电池当前 $SOC$ 值和温度，通过查表确定蓄电池的开路电压 $U_{oc}$ 和电阻 $R_{int}$（驱动工况下的放电电阻 $R_{dis}$ 或者再生制动工况下的充电电阻 $R_{ch}$），结合功率需求 $P_r$，求得电流 $I$，根据平均库伦效率，采用连续迭代逐步

图 3－14 蓄电池 Rint 模型

逼近的方法求得电池 SOC 变化 $\Delta SOC$。LiFePO₄ 蓄电池 Rint 模型功能包括蓄电池开路电压和内阻计算、功率限制、电流计算和 $SOC$ 估算等。

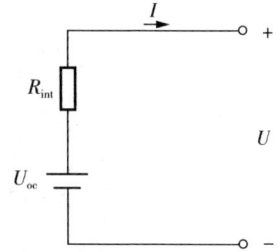

① 蓄电池开路电压和内阻模块

蓄电池理想开路电压和串联内阻都是蓄电池荷电状态 $SOC$ 和蓄电池温度 $T$ 的函数，其充电电阻 $R_{ch}$ 和放电电阻 $R_{dis}$ 在 25℃ 时随 $SOC$ 变化如图 3－15 所示。其内阻在充电和放电时的计算方法不同（当需求功率为正时蓄电池放电，需求功率

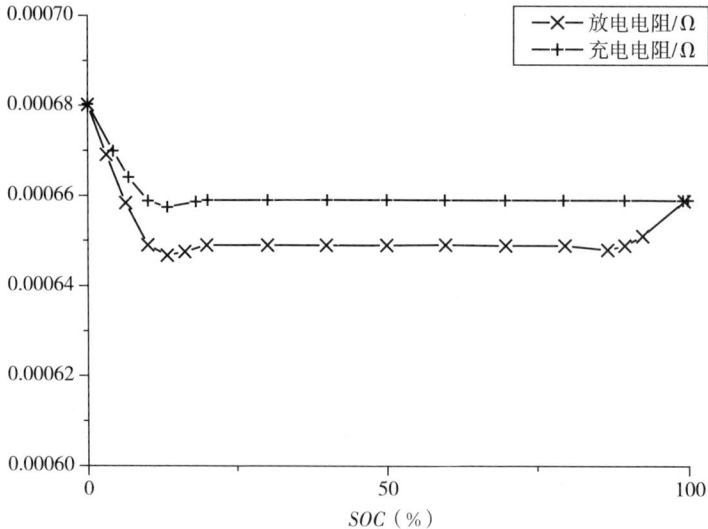

图 3－15 100A·h LiFePO₄ 蓄电池 25℃ 充放电电阻

为负时，蓄电池充电），由蓄电池单体开路电压和电阻计算出蓄电池组的开路电压 $U_{oc}$ 和电阻 $R_{int}$。

② 功率限制模块

蓄电池的功率限制模块主要功能是保证蓄电池的输出功率在允许的范围内。蓄电池组所能输出的最大功率受蓄电池组当前 $SOC$、开路电压、内阻和驱动电机的最小允许电压限制，蓄电池的最大输出功率由式（3-37）计算。

$$P_{b\_max} = U_{bus} \frac{U_{oc} - U_{bus}}{R_{int}} \qquad (3-37)$$

$$U_{bus} = \max\left(\frac{U_{oc}}{2}, \ U_{e\_min}, \ U_{b\_min}\right) \qquad (3-38)$$

式中：$P_{b\_max}$——蓄电池最大输出功率；

$U_{bus}$——蓄电池工作电压；

$U_{e\_min}$——驱动电机工作时的最低电压；

$U_{b\_min}$——蓄电池组最低电压。

③ 电流计算模块

蓄电池组等效电路的电流是与开路电压、内阻和实际输出功率相关的二次方程式。根据基尔霍夫电压定律，蓄电池的端电压 $U$ 为：

$$U = U_{oc} - I R_{int} \qquad (3-39)$$

根据功率定义蓄电池输出功率 $P_b$ 为：

$$P_b = UI \qquad (3-40)$$

由式（3-39）和式（3-40）联立可求蓄电池端电流 $I_{dis}$ 为：

$$I_{dis} = \frac{U_{oc} - \sqrt{U_{oc}^2 - 4 P_b R_{int}}}{2 R_{int}} \qquad (3-41)$$

充电时，不允许充电电压超过最高电压，最大充电电流 $I_{ch}$ 为：

$$I_{ch} = \frac{U_{oc} - U_{b\_max}}{R_{int}} \qquad (3-42)$$

④ SOC 估算模块

蓄电池的荷电状态 $SOC_b$ 定义为剩余容量与全荷电容量之比，在充满电时 $SOC_b = 100\%$，完全放电时 $SOC_b = 0\%$。$SOC_b$ 估算模块根据平均库伦效率估算得出充电电流和放电电流的积分，得出蓄电池有效电量的变化值。

蓄电池$SOC_b$消耗为：

$$\Delta SOC_b = \frac{\int_0^t I \, \eta_{coul} \, dt}{3600 \, C_b} \qquad (3-43)$$

式中：$\eta_{coul}$——平均库伦效率；

$\qquad C_b$——蓄电池容量，单位安·时（A·h）。

蓄电池$SOC_b$为：

$$SOC_b = SOC_{b\_init} - \Delta SOC_b \qquad (3-44)$$

式中：$SOC_{b\_init}$——蓄电池初始荷电状态。

### 3.4.2 超级电容

1. 超级电容原理和特点

超级电容（Ultracapacitor，UC）是 20 世纪七八十年代发展起来的通过极化电解质来储能的一种电化学元件，主要依靠双电层和氧化还原假电容电荷储存电能，在储能过程中并不发生化学反应，其储能方式是可逆的。超级电容结构如图 3-16 所示。

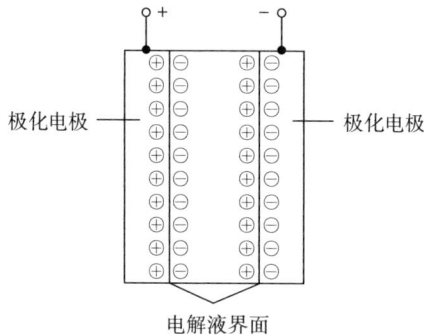

图 3-16　超级电容结构图

超级电容与普通电容结构类似，容量比一般电容高得多。超级电容除具有高比功率外，还具有免维护、寿命长（可重复充放电 $10^6$ 次，寿命可达 40 年）、环境温度适应性好（低温－40℃）、能够以 95％高效率快速进行大电流充放电等优点。相比蓄电池，超级电容比功率要高得多，而比能量较低。目前，可应用于纯电动矿车的超级电容主要有三种，详细见表3-4所列，主要区别在于它们的能量储存原理和所使用的电极材料。

表3-4　常见超级电容对比

| 种　类 | 电极材料 | 比能量 W·h/kg | 比功率 W/kg | 循环次数 | 效　率% |
|---|---|---|---|---|---|
| 双电层电容 | 活性炭 | 5～7 | 1000～3000 | $10^6$ | ＞95 |
| 法拉第准电容 | 金属氧化物 | 10～15 | 1000～2000 | $10^6$ | ＞95 |
| 混合电容 | 碳/金属氧化物 | 10～12 | 1000～2000 | $10^6$ | ＞95 |

超级电容由于比能量过低，不能够单独作为纯电动汽车的能量存储装置。但是，超级电容的比功率比任何一种蓄电池都要高，可达3000W/kg，将其作为蓄电池的辅助能源能够将比能量和比功率的需求互相分离，可以使蓄电池的有用能量、持续工作时间和寿命得到增加。本书所采用的超级电容的主要参数见表3-5所列。

表3-5　超级电容主要参数

| 参　数 | 数　值 |
|---|---|
| 额定电压 | 2.7V |
| 额定容量 | 2500F |
| 重　量 | 0.36kg |
| 初始最大内阻 | 0.35mΩ |
| 循环寿命 | $10^6$（约40年） |
| 工作温度 | −40～65℃ |

## 2. 超级电容模型

（1）超级电容等效模型

超级电容可以等效为一个理想电容 $C$（F）、较小阻值的串联电阻 $R_S$（Ω）和绝缘材料漏电电阻 $R_L$（Ω），如图3-17所示。

漏电电流 $I_L$ 一般很小，可以忽略，所以超级电容可以进一步简化为图3-18所示的等效电路。

根据基尔霍夫电压定律，总线电压 $U_t$ 为：

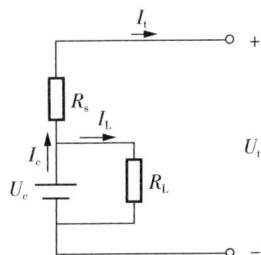

图3-17　超级电容等效电路

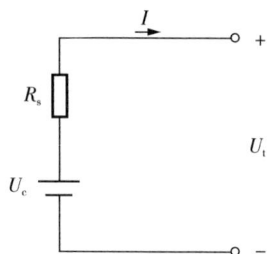

图 3 - 18  超级电容简化电路

$$U_t = U_c - I R_s \qquad (3-45)$$

超级电容输出功率为：

$$P_U = U_c I \qquad (3-46)$$

由式（3-45）和式（3-46）联立可求得总线电流 $I$ 为：

$$I = \frac{U_c - \sqrt{U_c{}^2 - 4 P_U R_s}}{2 R_c} \qquad (3-47)$$

超级电容 $SOC_c$ 为：

$$SOC_c = \frac{U_c - U_{cmin}}{U_{cmax} - U_{cmin}} \qquad (3-48)$$

式中：$U_{cmax}$——超级电容充满电时的开路电压；

$U_{cmin}$——放完电时的开路电压；

超级电容所储存的能量 $E_c$ 表示为：

$$E_c = \int_0^t U_c I \mathrm{d}t = \int_0^U C U_c \mathrm{d} U_c = \frac{1}{2} C U_c{}^2 \qquad (3-49)$$

式中：$C$——为电容器电容，单位法拉（F）。

（2）超级电容效率

由图 3-17，超级电容运行效率可以表述如下：

放电效率 $\eta_d$ 为：

$$\eta_d = \frac{U_t I_t}{U_c I_c} = \frac{(U_c - I_t R_s) I_t}{(I_t - I_L)} \qquad (3-50)$$

充电效率 $\eta_c$ 为：

$$\eta_c = \frac{U_c I_c}{U_t I_t} = \frac{U_c (I_t - I_L)}{(U_c + I_t R_s) I_t} \qquad (3-51)$$

式中：$U_t$——端电压（V）；

　　$I_t$——由端口流进或流出的电流（A）。

在实际运行中，由于漏电电阻 $R_L$ 非常小，仅为几毫安，可以忽略。因此，式（3-50）和式（3-51）可写为：

放电时，

$$\eta_d = \frac{U_c - I_t R_s}{U_c} = \frac{U_t}{U_c} \qquad (3-52)$$

充电时，

$$\eta_c = \frac{U_c}{U_c + I_t R_s} = \frac{U_c}{U_t} \qquad (3-53)$$

式（3-52）、式（3-53）表明，超级电容能量损耗主要来源于串联电阻。在高电流放电率和低单元电压的情况下，效率下降。在实际运行中，超级电容应用于高电压区域（对应额定电压 60% 以上的范围），对应 $SOC$ 在 0.6 以上的区域。图 3-19 是超级电容放电效率图，可以看出，在高电流放电率和低单元电压的情况下，超级电容效率下降。如果能够控制放电电流在 100A 以下，该超级电容能够有更宽的高效率工作区域。

（3）超级电容可用能量

由上述分析可知，超级电容低能量对应着低功率状态，所以在实际使用时，不能完全利用超级电容所储存的能量，应当给出一个底线电压 $U_{c\_min}$，当超级电容电压低于该电压时，停止放电。由图 3-18 可知，超级电容对应电压在 1～2.7V 时，如放电电流小于 100A，放电效率可以保持在 92% 以上，取底线电压 $U_{c\_min} = 0.4 U_{c\_max}$，此时超级电容可用能量为：

设 $U_{c\_max}$ 为超级电容额定电压，故超级电容可用能量为：

$$E_{c\_a} = \frac{1}{2} C_c (U_{c\_max}^2 - U_{c\_min}^2) = 0.84 E_c \qquad (3-54)$$

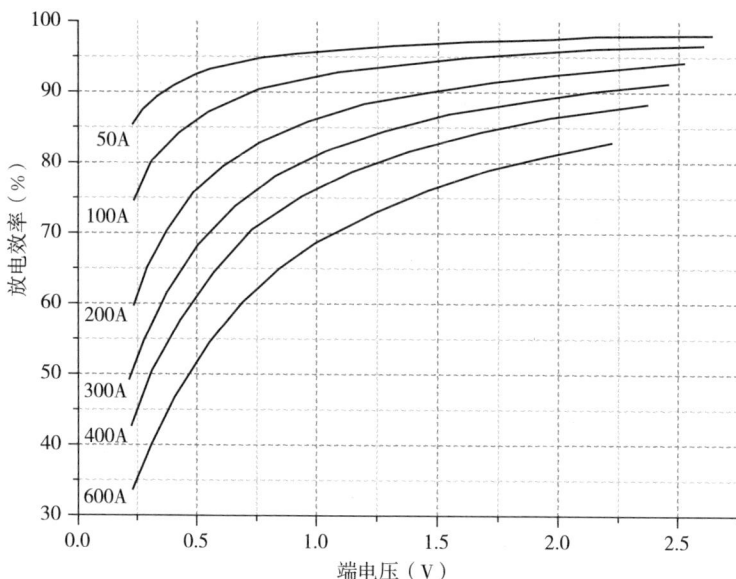

图 3-19 超级电容放电效率

### 3.4.3 DC/DC 变换器

DC/DC 变换器即直流-直流变流器或直流斩波器（DC Chopper），其功能是将直流电变为另一固定电压或可调电压的直流电，可将其用于直流电源电压控制。DC/DC 变换器种类很多，但最常见的基本 DC/DC 变换器有降压斩波变换器（Buck Chopper）、升压斩波变换器（Bust Chopper）、升降压斩波变换器（Buck-Bust Chopper）等，其中前两种是最基本的直流斩波变换器。本书采用双向 DC/DC 变换器。

1. 双向 DC/DC 变换器结构

双向 DC/DC 变换器的简化等效电路如图 3-20 所示。图中 V1、V2、V3、V4 为绝缘栅晶体管（IGBT），D1、D2、D3、D4 为续流二极管，L 为电感，C1、C2 为电容，U1、U2 为双向 DC/DC 变换器两端电压。

2. DC/DC 变换器工作原理

以 U1-U2 输出为正向输出，U2-U1 为反向输出，则该双向 DC/DC 变换器可以工作在正向降压输出、正向升压输出、反向降压输出、反向升压输出四种

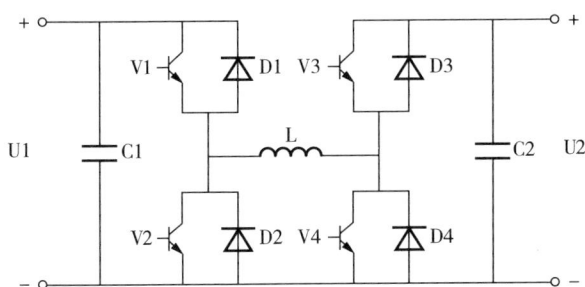

图 3-20 双向 DC/DC 变换器等效电路

模式。

① 正向降压

U1 接电源作为输入端，U2 接负载作为输出端，当 V1 工作，V2、V3、V4 截止时，工作在正向降压模式，等效电路如图 3-21（a）所示。在 $t=0$ 时刻驱动 V1 导通，电源 U1 向负载供电，此时 U2＝U1，电感和负载电流指数曲线上升，电感 L 开始存储能量；当 $t=t_1$ 时刻，控制 V1、V2、V3、V4 截止，等效电路如图 3-21（b）所示，负载电流经二极管 D2、D3 续流，电感 L 释放所储存的能量，负载电流指数曲线下降。至一个周期 T 结束，再驱动 V1 导通，重复上一周期的过程。

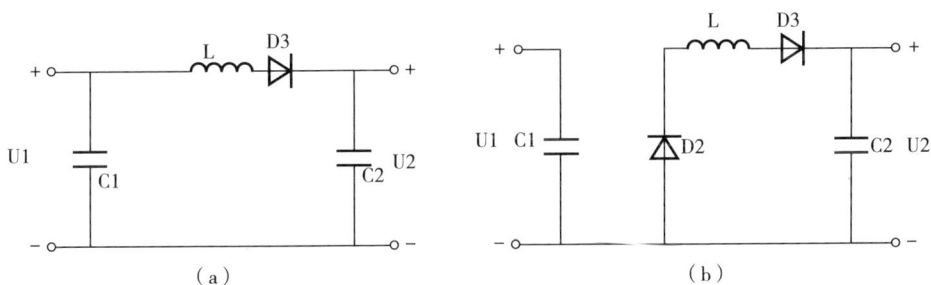

（a）

（b）

图 3-21 正向降压等效电路

② 正向升压

输入输出端同正向降压，当 V1、V4 工作，V2、V3 截止时，工作在正向升压模式，等效电路如图 3-22（a）所示。在 $t=0$ 时刻驱动 V1、V4 导通，此时 U1 向电感 L 充电，充电电流基本恒定，同时电容 C2 上的电压向负载供电；当 $t=t_1$ 时刻，控制 V1 导通，V2、V3、V4 截止，等效电路如图 3-22（b）所示，由 U1 和电感 L 共同向 C2 和负载提供能量，此时负载电压 U2＝U1＋UL。

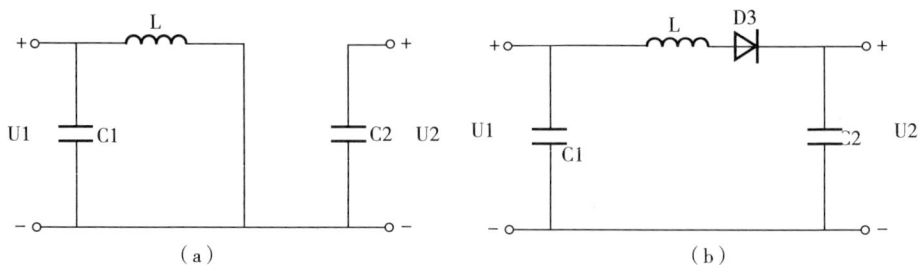

图 3-22　正向升压等效电路

③ 反向升压

将 U2 接电源（再生制动时电动机作为发电机提供充电电源）作为输入端，U2 接负载（蓄电池或超级电容）作为输出端。当 V2、V3 导通，V1、V4 截止时，工作在反向升压模式，等效电路如图 3-23 所示，其工作原理同正向升压。

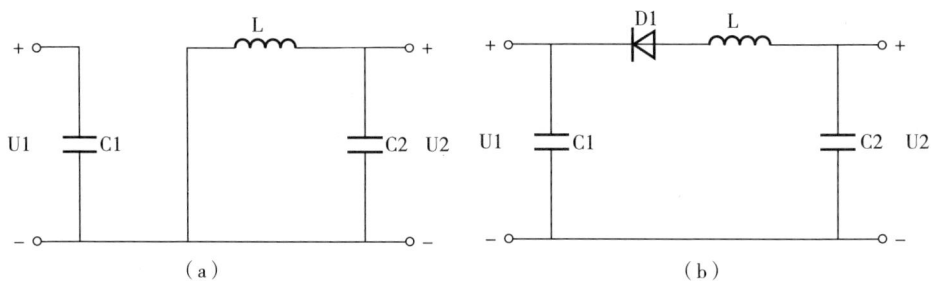

图 3-23　反向升压等效电路

双向 DC/DC 变换器还可以工作在反向降压模式，其原理同正向降压，该模式在纯电动矿车复合能源工作时并不采用，这里不予分析。

# 3.5　行驶工况

汽车行驶工况是描述车辆行驶速度与时间的曲线，包含车速、爬坡度、行驶时间、行驶位移等参数，主要用于确定车辆燃料消耗、续驶里程和污染物排放量，是车辆研发和进行性能评估的依据。世界各国均十分重视对本国典型行驶工况的构建。本书以国内某矿山为例，对其进行行驶工况数据采集处理，建立其行驶工况模型。

### 3.5.1　典型纯电动汽车行驶工况

1. UDDS 工况

UDDS工况是由美国环境保护署（EPA）制定的城市道路行驶工况，主要用来测试车辆在城市道路下的各种性能。该工况循环时间为1369s，行驶距离11.99km，最大车速91.25km/h，平均车速31.51km/h，最大加速度1.48m/s²，最大减速度−1.48m/s²，发动机怠速时间为259s，停车17次，具体如图3-24所示。

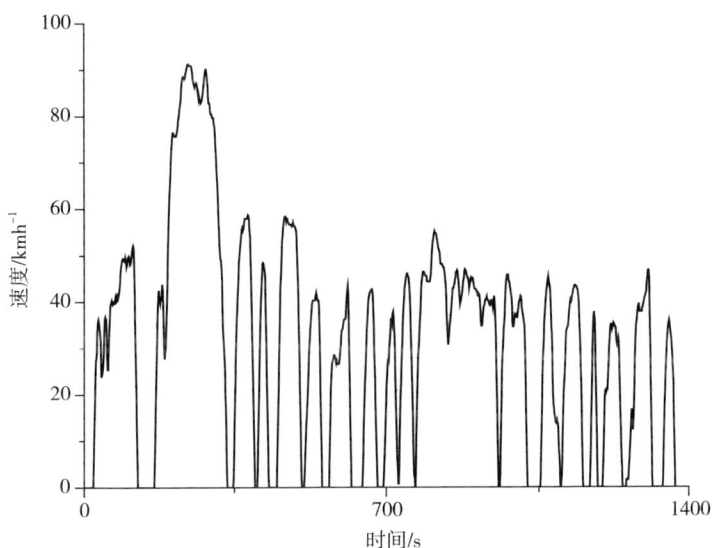

图 3-24　UDDS 工况

2. 1015 工况

1015工况为日本使用的驾驶工况。1992年，日本在原有的10工况法基础上添加了15工况，增加了怠速工况的运转时间和高速行驶工况。该工况循环时间为660s，行驶距离4.16km，最大车速69.97km/h，平均车速22.68km/h，最大加速度0.79m/s²，最大减速度−0.83m/s²，发动机怠速时间为215s，停车7次，具体如图3-25所示。

3. ECE 工况

ECE（Economic Commission for Europe）工况是依联合国欧洲经济委员会的排放法规制定的，由怠速、加速、等速、减速等共计15个工况组成，也称作"ECE十五工况"。该工况循环时间为195s，行驶距离0.99km，最大车速50km/h，

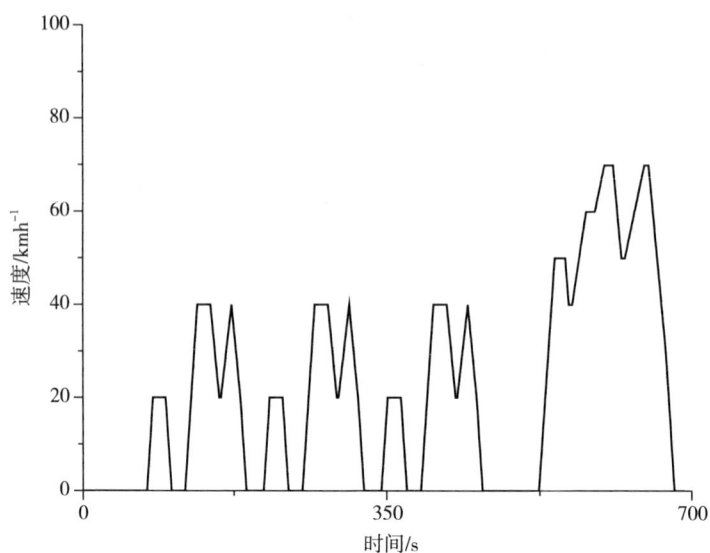

图 3 - 25　1015 工况

平均车速 18.26km/h，最大加速度 1.06m/s²，最大减速度 −0.83m/s²，发动机怠速时间为 64s，停车 3 次，具体如图 3 - 26 所示。

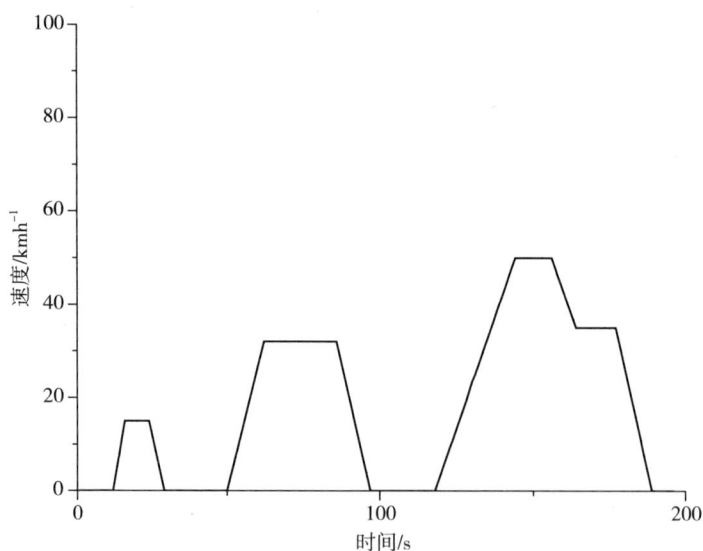

图 3 - 26　ECE 工况

4. NEDC 工况

NEDC（New European Driving Cycle）工况是欧洲采用的行驶工况，与我国的

国 V 法规类似，包括市区和市郊循环两部分。该工况循环时间为 1184s，行驶距离
10.93km，最大车速 120km/h，平均车速 33.21km/h，最大加速度 $1.06m/s^2$，最大
减速度 $-1.39m/s^2$，发动机怠速时间为 298s，停车 13 次，具体如图 3-27 所示。

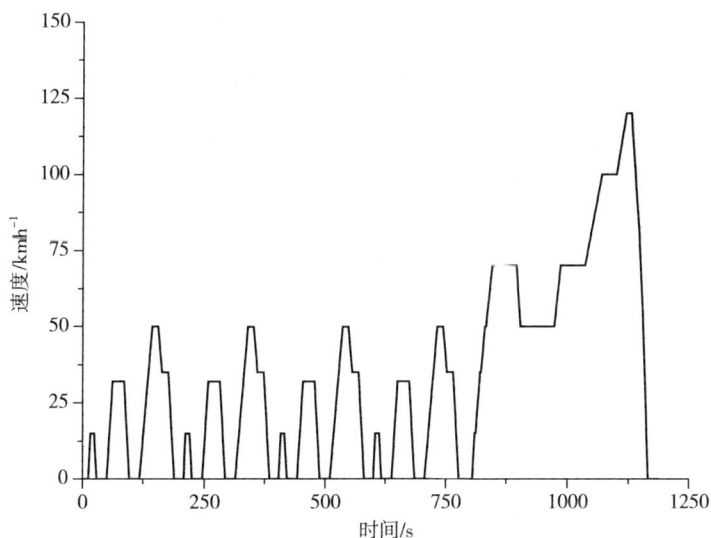

图 3-27  NEDC 工况

### 3.5.2  纯电动矿车行驶工况

上文所介绍的各国典型行驶工况主要以乘用汽车作为对象，工况中主要包含
车辆行驶速度与时间的曲线。而对于本书所研究的纯电动矿车，仅有车速随时间
变化的信息还不足以反映车辆实际行驶路况。在实际工作中，矿车往往需要满载
物料，主要以爬坡为主，到达卸载地点后，车辆空载主要以下坡行驶为主，回到
装载地点。因此，表征车辆行驶工况的信息除了车速以外还应该包括车辆坡度信
息及车辆载重情况。

本书以国内某矿山为研究对象，采集该矿山车辆行驶中的车速、相对海拔高
度等信息，对所采集的数据进行处理，建立如图 3-28 所示的纯电动矿车行驶工
况。该工况分两段，即满载攀升阶段和空载下降阶段。工作时，矿车满载离开装
载地点，经过 799s 攀升到相对高度为 34.6m 的卸载地点，平均车速 9.64km/h，
最大车速 14.48km/h，最大坡度 8%，行驶距离 2.14km；卸载后，经过 735s 返
回装载地点，平均车速 10.79km/h，最大车速 14.99km/h，最大坡度 8%，行驶
距离 2.21km。

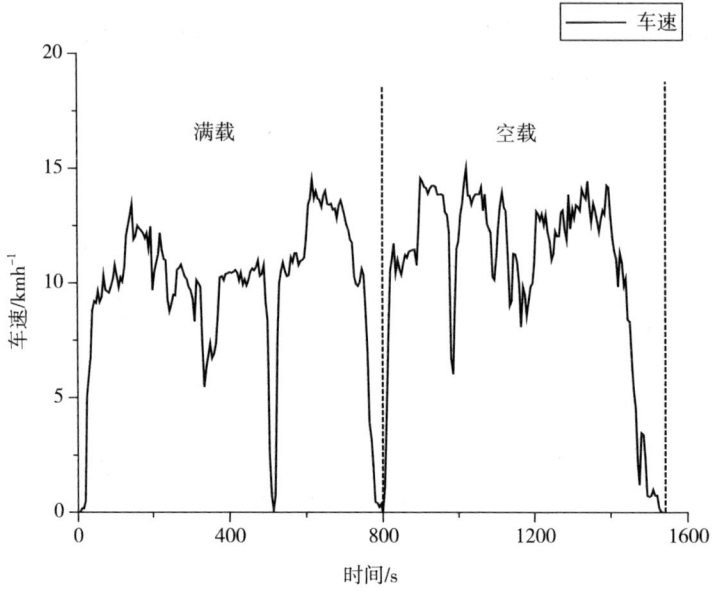

（a）车速

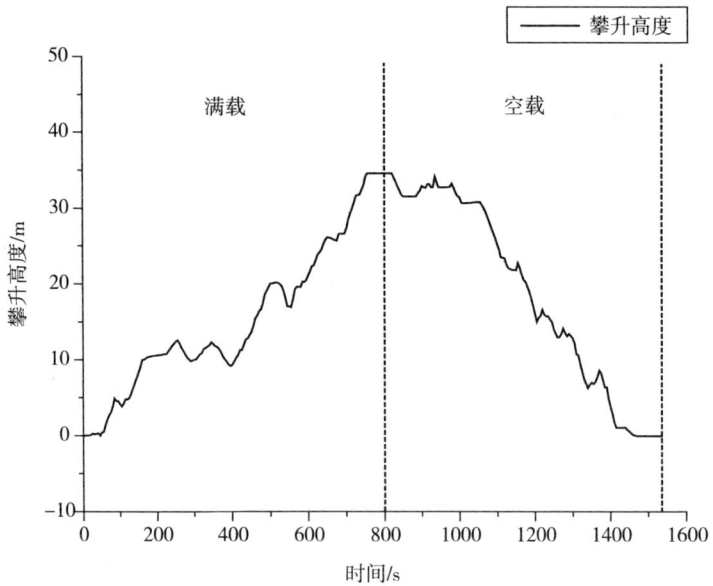

（b）攀升高度

图 3-28　纯电动矿车行驶工况

# 4  LiFePO$_4$蓄电池行驶工况寿命模型

纯电动汽车采用蓄电池作为动力能量源，对蓄电池容量的使用范围要求更广，一般要求放电深度（Depth of Discharge，DOD）达 80%；由于其行驶环境恶劣，行驶工况复杂，还会对蓄电池产生瞬时高功率需求和反复充放电冲击，这一系列因素都会缩短动力电池的寿命。蓄电池是纯电动矿车的主要能量来源，也是制约纯电动矿车普及应用的主要因素。因此，了解动力电池的容量衰减机理，建立对蓄电池的寿命预测模型，对于合理使用蓄电池，改进蓄电池能量管理策略，提高蓄电池寿命，降低整车使用成本具有重要意义。

蓄电池的寿命评估方式有三种：使用寿命、循环寿命和存储寿命。使用寿命是指蓄电池在失效前累计可放电时间；循环寿命是指蓄电池失效前可反复充放电的次数；存储寿命是指蓄电池在不工作状态下可存储的时间。本书从循环寿命角度对LiFePO$_4$蓄电池寿命进行研究，以其充满电即荷电状态 $SOC$ 为 1，常温下放电深度 $DOD$ 为 80%，蓄电池容量衰减到 80% 时的放电总次数来表示。

有学者将锂离子电池寿命预测方法归为两类：基于经验的方法和基于性能的方法。前者依赖于电池使用中的充分经验知识，根据统计规律给出蓄电池寿命在特定场合的粗略预测，如循环周期、总放电安时数或者描述蓄电池寿命的特定事件等，由于锂离子电池容量衰减是复杂的化学和物理过程，基于经验的方法并不能给出较好的预测数据；后者依赖于蓄电池性能模型加上对容量衰减过程和应力因素的考虑，如基于机理、基于特征和基于测试数据等的寿命预测，基于机理和特征的方法需要考虑蓄电池容量衰减的详细化学和物理过程，模型和预测方法虽然通用，但是相对复杂，也很难直接表述各种关系与规律，而基于测试数据的预测方法可以通过对实验数据的分析获得蓄电池寿命预测可行模型，避免了基于机理和特征模型的复杂性，是一种很实用的预测方法。

无论采用哪种方法对蓄电池寿命进行预测，都应该建立在对大量实验数据分析及采用实验数据验证的基础上。Bloom 等人根据 0.9A·h-18650 锂离子电池在不同温度和时间条件下的日历寿命和循环寿命实验数据，总结出其基于时间和阿伦尼乌斯方程的寿命预测模型；Wang 等人以该模型为起点，对 LiFePO$_4$ 蓄电池不同温度和放电倍率实验测试数据进行总结与分析，得到 2.2A · h-26650 LiFePO$_4$ 蓄电池固定放电倍率循环寿命模型；Junyi Shen 等人采用该模型对 1.1A · h-18650 LiFePO$_4$ 蓄电池和 2.2A · h-26650 LiFePO$_4$ 蓄电池循环寿命进行计算，并与官方实验数据进行对比验证，得出计算公式，该公式对于计算小容量 LiFePO$_4$ 蓄电池循环寿命具有较高的准确性，而后将该公式计算结果与 Y. Zhang 等人对某纯电动汽车 16.4A · h LiFePO$_4$ 蓄电池固定放电倍率循环寿命和基于统计的 UDDS 工况循环寿命进行对比，得到较好的一致性。Wang 等人总结的小容量 LiFePO$_4$ 蓄电池循环寿命模型实际上是一种基于性能的蓄电池寿命预测方法，采用的是基于测试数据驱动的方法。本章以上述小容量 LiFePO$_4$ 蓄电池固定放电倍率寿命模型为基础，结合实验数据推导出大容量 LiFePO$_4$ 蓄电池固定放电倍率寿命模型及其行驶工况寿命模型。

# 4.1 LiFePO$_4$ 蓄电池循环寿命模型

## 1. 小容量 LiFePO$_4$ 蓄电池寿命

有学者以美国 A123 系统公司的一款 2.2A · h-26650 圆柱形 LiFePO$_4$ 蓄电池为研究对象，在经过大量破坏性物理实验及非破坏性电化学分析后，基于阿伦尼乌斯模型得到一种描述 LiFePO$_4$ 在恒流放电模式下的半经验寿命公式：

$$Q_{loss} = B \cdot \exp\left(\frac{-E_a}{RT}\right) \cdot A_h{}^z \qquad (4-1)$$

式中：$Q_{loss}$——电池容量损失百分比；

$B$——指数前因子；

$E_a$——活化能；

$R$——通用气体常数；

$T$——绝对温度；

$z$——幂指数；

$A_h$——累计放出安·时数。

$A_h$ 可由式（4-2）计算得出：

$$A_{\text{h}} = N \cdot DOD \cdot C_{\text{b}} \tag{4-2}$$

式中：$N$——放电次数；

　　　$DOD$——放电深度；

　　　$C_{\text{b}}$——电池容量。

通过对固定放电倍率分别为 0.5C、2C、6C、10C 的实验数据进行曲线拟合，得到各自放电倍率下的 $B$、$Ea$、$z$，具体见表 4-1 所列。

表 4-1　不同放电倍率下的参数值

| 放电倍率 | 参　数 | | |
|---|---|---|---|
| | $B$ | $Ea$ | $z$ |
| 0.5C | 30330 | 31500 | 0.552 |
| 2C | 19300 | 31000 | 0.554 |
| 6C | 12000 | 29500 | 0.56 |
| 10C | 11500 | 28000 | 0.56 |

通过参数拟合，可以总结出该 LiFePO₄ 蓄电池固定放电倍率寿命通用公式：

$$Q_{\text{loss}} = B \cdot \exp\left(\frac{-31700 + 370.3 \times n}{R \cdot T}\right) \cdot A_{\text{h}}^{0.55} \tag{4-3}$$

式中：$n$——1C 放电倍率的倍数。

对应不同放电倍率 0.5C、2C、6C、10C，$B$ 分别为 31630、21681、12934、15512，$z$ 取 0.55。

**2. 大容量 LiFePO₄ 蓄电池寿命**

有学者对 $B$ 进行直线拟合，得到 $B$ 在不同放电倍率下的计算公式，并将容量为 1.1A·h、2.4A·h、16.4A·h 的 LiFePO₄ 蓄电池容量衰减公式（4-3）计算数据与实验数据进行对比，计算数据与实验数据误差分别为 0.04%、1.47%、2.11%，验证了小容量 LiFePO₄ 蓄电池寿命可直接采用上述公式进行计算。

图 4-1 为根据本书所研究的大容量 LiFePO₄ 蓄电池在常温时以 0.33C 放电倍率放电实验数据绘制的蓄电池使用寿命循环图。实验中，放电深度 $DOD$ 为 80%，经过 2500 次循环后，容量损失约 20%，而采用式（4-3）计算得到的蓄电池容量损失为 77.38%。可见，对于大容量蓄电池，显然不能够直接采用上述公式直接进行计算。

为得到所采用蓄电池的寿命计算公式，采用式（4-3）进行拟合，得到常温下

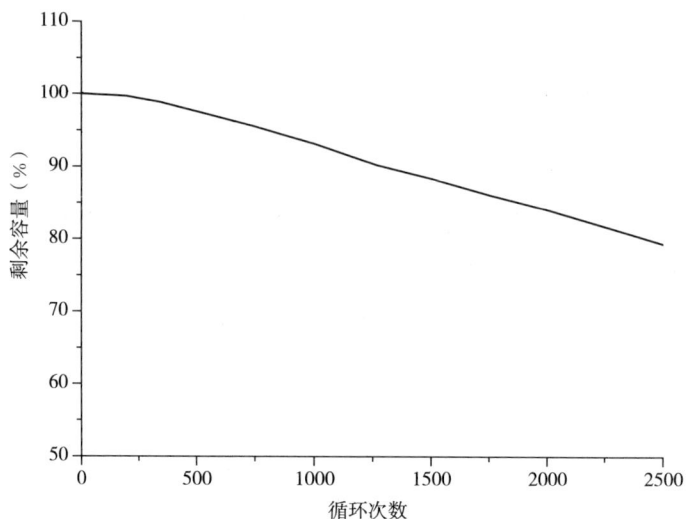

图 4-1  3.2V 100A·h LiFePO₄ 蓄电池在 25℃、0.33C 放电倍率条件下的循环图

该蓄电池 0.33C 放电倍率时的寿命公式：

$$Q_{loss_{0.33}} = 0.0012 \cdot \exp\left(\frac{-11862}{R \cdot T}\right) \cdot A_{h_{0.33}}^{1.19} \qquad (4-4)$$

拟合曲线如图 4-2 所示，拟合曲线能够与蓄电池的实验数据较好吻合，经 2500 次循环后，蓄电池剩余容量 79.51%，与实验数据 79.37% 误差为 0.18%。

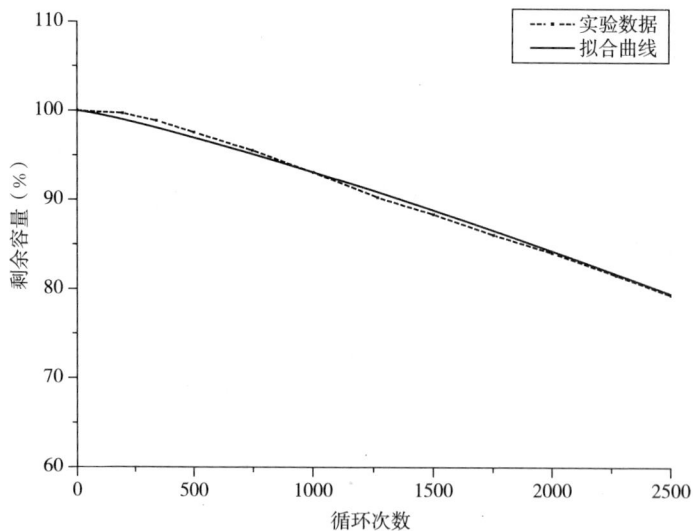

图 4-2  实验数据与公式计算数据拟合曲线

由表 4-1 可见，参数 $B$、$Ea$ 随着放电倍率的增加而变小，而 $z$ 对于任何放电倍率基本不变。假定 $Ea$ 变化规律同式（4-3），$z$ 对于任何放电倍率均为 1.19，要得到该蓄电池其他放电倍率的寿命计算公式，还需要获得不同倍率下指数前因子 $B$ 的值。由学者研究可知，$\ln B$ 随放电倍率增加呈现直线递减规律，对式（4-3）所描述模型在不同放电倍率 $nC$ 下的 $\ln B$ 进行直线拟合，如 4-3 所示，从而得到 $\ln B_n$ 的计算公式：

$$\ln B_n = 10.274 - 0.105n \tag{4-5}$$

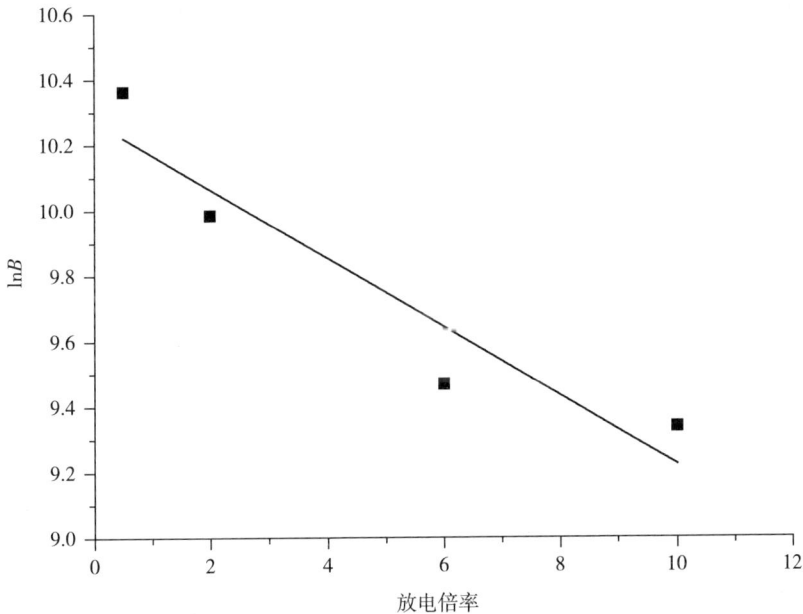

图 4-3　2.2A·h 蓄电池放电倍率与 $\ln B$ 拟合

对于所研究的 100A·h 蓄电池，取 $\ln B$ 变化趋势同 2.2A·h 蓄电池，得到该蓄电池的 $\ln B$ 计算公式：

$$\ln B_n = -6.691 - 0.105n \tag{4-6}$$

由此，可以得到该蓄电池不同放电倍率 $nC$ 的寿命计算公式：

$$Q_{loss_n} = B_n \cdot \exp\left(\frac{-11985 + 370.3 \times n}{R \cdot T}\right) \cdot A_{h_n}^{1.19} \tag{4-7}$$

## 4.2　等效寿命条件下不同放电倍率蓄电池寿命计算

LiFePO$_4$ 蓄电池作为纯电动矿车车载能源，在使用过程中不可能是恒流充放电，前述蓄电池恒流模型并不能直接用于计算行驶工况下的蓄电池使用寿命。式（4-7）提供了恒流放电模式下蓄电池寿命和累计放电量之间的关系。对于不同恒流放电模式，利用该公式可以计算出等效寿命条件下，不同放电倍率累计放出安·时数之间的关系，从而推导出不同放电倍率累计放出安·时数等效到某一放电倍率累计放出安·时数的计算公式。

由式（4-7）可知，放电倍率为 1C 时，蓄电池寿命损失为：

$$Q_{\mathrm{loss}_1} = B_1 \cdot \exp\left(\frac{-11985 + 370.3 \times 1}{R \cdot T}\right) A_{\mathrm{h}_1}^{1.19} \tag{4-8}$$

放电倍率为 $n$C 时，蓄电池寿命损失为：

$$Q_{\mathrm{loss}_n} = B_n \cdot \exp\left(\frac{-11985 + 370.3 \times n}{R \cdot T}\right) \cdot A_{\mathrm{h}_n}^{1.19} \tag{4-9}$$

令 $Q_{\mathrm{loss}_1} = Q_{\mathrm{loss}_n}$，则，

$$B_1 \cdot \exp\left(\frac{-11985 + 370.3 \times 1}{R \cdot T}\right) A_{\mathrm{h}_1}^{1.19} = B_n \cdot \exp\left(\frac{-11985 + 370.3 \times n}{R \cdot T}\right) \cdot A_{\mathrm{h}_n}^{1.19}$$

整理可得：

$$A_{\mathrm{h}_{1\_n}} = \sqrt[1.19]{\frac{B_n}{B_1} \cdot \exp\left(\frac{370.3(n-1)}{R \cdot T}\right)} \cdot A_{\mathrm{h}_n} \tag{4-10}$$

$A_{\mathrm{h}_{1\_n}}$ 即为等效寿命条件下 $n$C 放电倍率下放出的安·时数 $A_{\mathrm{h}_n}$ 等效到 1C 放电倍率下放出的安·时数，将其代入式（4-7），可得 $n$C 放电倍率下等效到 1C 放电倍率时蓄电池的寿命计算公式：

$$Q_{\mathrm{loss}_{1\_n}} = B_1 \cdot \exp\left(\frac{-11614.7}{R \cdot T}\right) \cdot \left(\sqrt[1.19]{\frac{B_n}{B_1} \cdot \exp\left(\frac{370.3(n-1)}{R \cdot T}\right)} \cdot A_{\mathrm{h}_n}\right)^{1.19}$$

$$\tag{4-11}$$

## 4.3 行驶工况下的蓄电池寿命模型

为了计算行驶工况下的蓄电池寿命，需要建立行驶工况蓄电池寿命模型，即动态蓄电池寿命模型。

将行驶工况分为 $t$ 个相等的时间间隔 $\Delta t$，蓄电池在 $t$ 时刻的放电倍率为 $n_t$，记 1C 放电倍率放电电流为 $I_1$，则在 $t$ 时刻，采用安·时法计算蓄电池的放电量：

$$A_{h_{n_t}} = \frac{n_t\, I_1\, \eta_{\mathrm{coul}}}{3600}\Delta t \tag{4-12}$$

将式 $(4-9)$ 代入式 $(4-10)$ 得到 $t$ 时刻等效寿命 1C 放电倍率等效放电量：

$$A_{h_{1\_n_t}} = \sqrt[1.19]{\frac{B_{n_t}}{B_1} \cdot \exp\left(\frac{370.3(n-1)}{R \cdot T}\right)} \cdot \frac{n_t\, I_1\, \eta_{\mathrm{coul}}}{3600}\Delta t \tag{4-13}$$

将 1C 放电倍率时的指数前因子 $B_1$、放电倍率 1、等效寿命放电量 $A_{h_{1\_n_t}}$ 代入式 $(4-11)$ 得到 $t$ 时刻等效蓄电池寿命：

$$Q_{\mathrm{loss}1_{n_t}} = B_1 \exp\left(\frac{-11614.7}{R \cdot T}\right) \cdot \left[\sqrt[1.19]{\frac{B_{n_t}}{B_1} \cdot \exp\left(\frac{370.3(n-1)}{R \cdot T}\right)} \cdot \frac{n_t\, I_1\, \eta_{\mathrm{coul}}}{3600}\Delta t\right]^{1.19} \tag{4-14}$$

假设蓄电池温度保持常温不变，经过一个工况循环后，蓄电池的寿命损失为：

$$Q_{\mathrm{loss}1} = B_1 \cdot \exp\left(\frac{-11614.7}{R \cdot T}\right) \cdot$$

$$\left[\sum_0^t \sqrt[1.19]{\frac{B_{n_t}}{B_1} \cdot \exp\left(\frac{370.3(n-1)}{R \cdot T}\right)} \cdot \frac{n_t\, I_1\, \eta_{\mathrm{coul}}}{3600}\Delta t\right]^{1.19} \tag{4-15}$$

经过 $m$ 个循环工况蓄电池寿命损失为：

$$Q_{\mathrm{loss}m} = B_1 \cdot \exp\left(\frac{-11985 + 370.3 \times 1}{R \cdot T}\right) \cdot$$

$$\left[m\sum_0^t \sqrt[1.19]{\frac{B_{n_t}}{B_1} \cdot \exp\left(\frac{370.3(n-1)}{R \cdot T}\right)} \cdot \frac{n_t\, I_1\, \eta_{\mathrm{coul}}}{3600}\Delta t\right]^{1.19} \tag{4-16}$$

# 5 复合能源参数匹配及其能量管理

目前可用于纯电动矿车的能源系统有燃料电池、蓄电池、超级电容和超高速飞轮等。采用上述任何一种单一能源作为纯电动矿车能量源都无法满足纯电动矿车对车载能源同时具有高比能量和高比功率的要求。一般来说，蓄电池比能量较高而比功率较低，超级电容比功率较高而比能量不足，而将二者结合使用，构成复合能源系统，满足纯电动矿车对高比能量和高比功率的双重需求是解决上述问题的有效方法。对复合能源采用合理的控制策略，发挥不同能源装置各自优势：在车辆正常行驶时，由蓄电池负责提供驱动能量；在车辆加速或上坡时，由蓄电池和超级电容共同工作；在车辆制动或者下坡时，以超级电容为主，回收再生制动能量。这样可以起到减少反复大功率大电流充放电对蓄电池的冲击，提高能源系统效率，延长蓄电池使用寿命。复合能源系统需要使用双向 DC/DC 变换器并采用合理的能源控制策略来控制不同能源装置协调工作。复合能源不同质量比和混合比搭配会导致能源系统效率和车辆性能的差异，本章将对 $LiFePO_4$ 蓄电池—超级电容组成的复合能源参数匹配和控制策略，以及其对纯电动矿车性能影响进行研究。

## 5.1 复合能源系统拓扑结构及工作原理

### 5.1.1 复合能源系统拓扑结构

关于蓄电池—超级电容复合能源系统拓扑结构的研究有很多，研究者主要关心的是所使用的具体拓扑结构，对于如何评估各种结构的优缺点，目前还没有标准的规则。根据复合能源采用双向 DC/DC 变换器与否、采用的数量及与主辅能源的连接方式，可以将常见的蓄电池—超级电容拓扑结构分为被动式、半主动式和主动式三种，具体结构如图 5-1 所示。

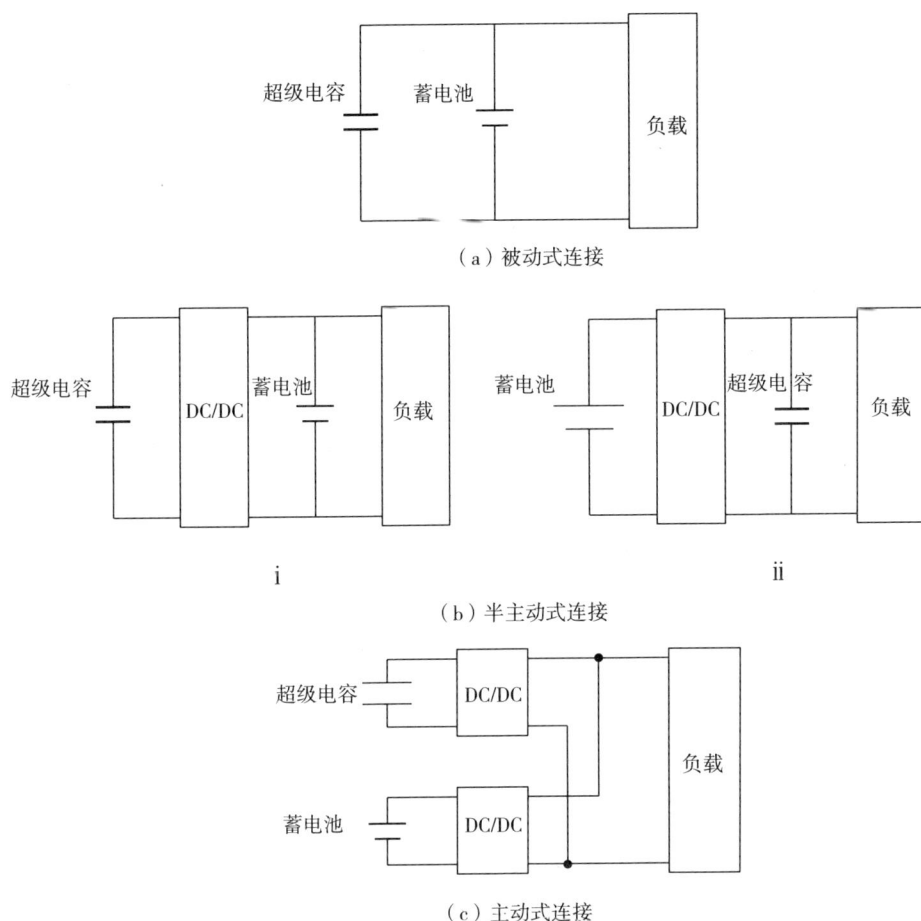

（a）被动式连接

（b）半主动式连接

（c）主动式连接

图 5-1　蓄电池—超级电容复合能源系统拓扑结构

　　图 5-1（a）为被动连接方式，该方式是一种最简单但并不是最有效的连接方式，其将蓄电池和超级电容并联后直接与负载连接。这种连接方式使得超级电容和蓄电池的电压始终保持一致，由于蓄电池电压变换范围较小，因此，超级电容电压变换范围有限，由 3.4.2 可知，超级电容的可用能量范围有限，超级电容高功率特性不能被很好利用。

　　图 5-1（b）为半主动连接方式，其两种连接方式都采用了一个双向 DC/DC 变换器。图 5-1（b）i 中，蓄电池直接与负载相连，超级电容通过双向 DC/DC

变换器与蓄电池并联。由于蓄电池端电压变化范围比超级电容平缓，蓄电池输出端电压可以相对保持稳定，DC/DC 变换器检测蓄电池端电压，调节超级电容电压，使两者匹配工作。这种结构比较容易控制，同时能够让超级电容工作电压有较大的变换范围，由式（3-54）可知，这种结构能够更好地利用超级电容所存储的能量。

图 5-1（b）ii 中将 5-1（b）i 中的超级电容与蓄电池互换位置，蓄电池通过双向 DC/DC 变换器与超级电容并联。这种连接方式能够发挥超级电容高功率、可以瞬时大电流充放电的特性，在车辆启动或者加速时快速进行功率输出，在车辆制动或减速时快速进行能量回收，但由于超级电容的电压变化范围大，所以负载电压变化也大，相比 5-1（b）i 更难于控制。

图 5-1（c）为主动连接方式，该方式采用两个双向 DC/DC 变换器，将主辅能源都通过 DC/DC 变换器并联。这种方式理论上具有更好的灵活性和稳定性，但是这种连接方式需要两个双向 DC/DC 变换器，会增加车辆质量和成本，同时这种结构会使得复合能源系统结构变得复杂，不易控制和维护。

综上所述，本书选取图 5-1（b）i 所示结构作为所研究复合能源的拓扑结构。需要指出的是，在车辆仿真软件 ADVISOR 2002 中，DC/DC 变换器和驱动电机之间传递的是功率需求，不能使用 DC/DC 变换器电气模型，需要用到其传递效率来计算超级电容的功率输出。因此，本书没有建立 DC/DC 变换器详细数学模型，而是采用效率值来代替该模型。根据有关文献研究结论及现有产品，设置 DC/DC 变换器的效率值为 96%。

## 5.1.2 复合能源系统主回路及其工作原理

复合能源系统的设计应符合纯电动矿车驱动和再生制动需求，本书所采用的 $LiFePO_4$ 蓄电池—超级电容复合能源主回路简化等效电路如图 5-2 所示，图中 V1～V11 为绝缘栅晶体管（IGBT），D1～D11 为续流二极管。主回路包括 $LiFePO_4$ 蓄电池、超级电容、双向 DC/DC 变换器、电动机驱动电路和直流电动机。

纯电动矿车驱动时，驱动电机工作在第 I 象限，逆变器在任意时刻只有两相导通，上管斩波，下管恒通，驱动电机工作一个周期共有 6 个状态，反电动势为最大正值的绕组上桥臂斩波通正电流，反电动势为最大负值的绕组下桥臂恒通负电流。在纯电动矿车正常行驶时，所需驱动功率较小，超级电容不工作，蓄电池

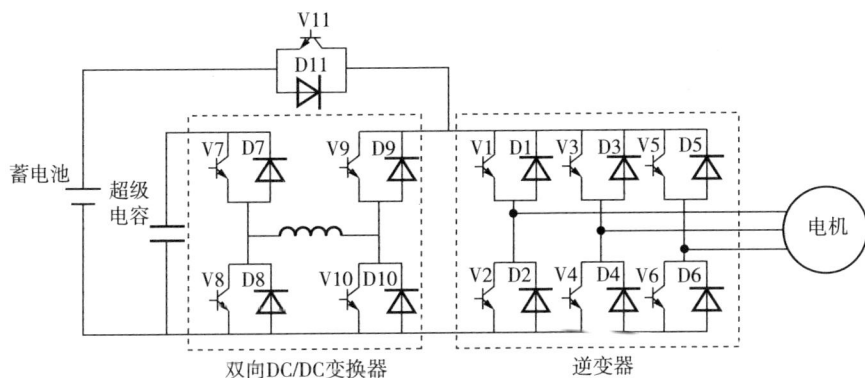

图 5-2 复合能源系统简化等效电路

经逆变器实现降压驱动；纯电动矿车加速或者爬坡时，所需功率较大，超级电容经 V7 和电感 L 构成的降压电路放电与蓄电池共同驱动，实现复合能源驱动；当超级电容电压较小且车辆需求功率较小时，蓄电池经双向 DC/DC 变换器给超级电容充电。

纯电动矿车制动时，驱动电机工作在第 II 象限，此时逆变器上管全部关断，反电动势为最大正值相的下桥臂斩波，将驱动电机转子动能转化为电感磁场能，经 V8、V9 和 L 组成的升压电路优先给超级电容充电，若超级电容电量充满，双向 DC/DC 变换器停止工作，经逆变器下管斩波将电动机反电动势升压后，经 V11 向蓄电池充电。

### 5.1.3 复合能源系统工作模式

在复合能源系统中，由 LiFePO$_4$ 蓄电池作为主要能源，提供纯电动矿车行驶所需要的能量；由超级电容作为辅助能源，提供纯电动矿车行驶及制动所需要的峰值功率，并主要负责制动能量的回收。主辅能源工作时的运行模式如图 5-3 所示，主要有以下三种：

1. 正常行驶模式

如图 5-3（a）所示，在车辆正常行驶模式下，车辆所需驱动功率比较平缓，由主能源 LiFePO$_4$ 蓄电池向车辆提供驱动功率，为了使超级电容保持高功率输出，检测超级电容 SOC 状态，当其过低时，主能源 LiFePO$_4$ 蓄电池同时对超级电容进行充电。

**2. 加速及爬坡模式**

如图5-3（b）所示，车辆在加速或者爬坡时，所需的驱动功率较高，复合能源的主辅能源同时工作，共同向负载提供功率，由主能源提供平均功率，由辅助能源提供峰值功率。

**3. 制动及下坡模式**

如图5-3（c）所示，车辆制动或者下坡时，将电动机用作发电机，进行再生制动，回收车辆动能。再生制动能量主要由辅助能源进行回收，当辅助能源充满时，由主能源进行回收。

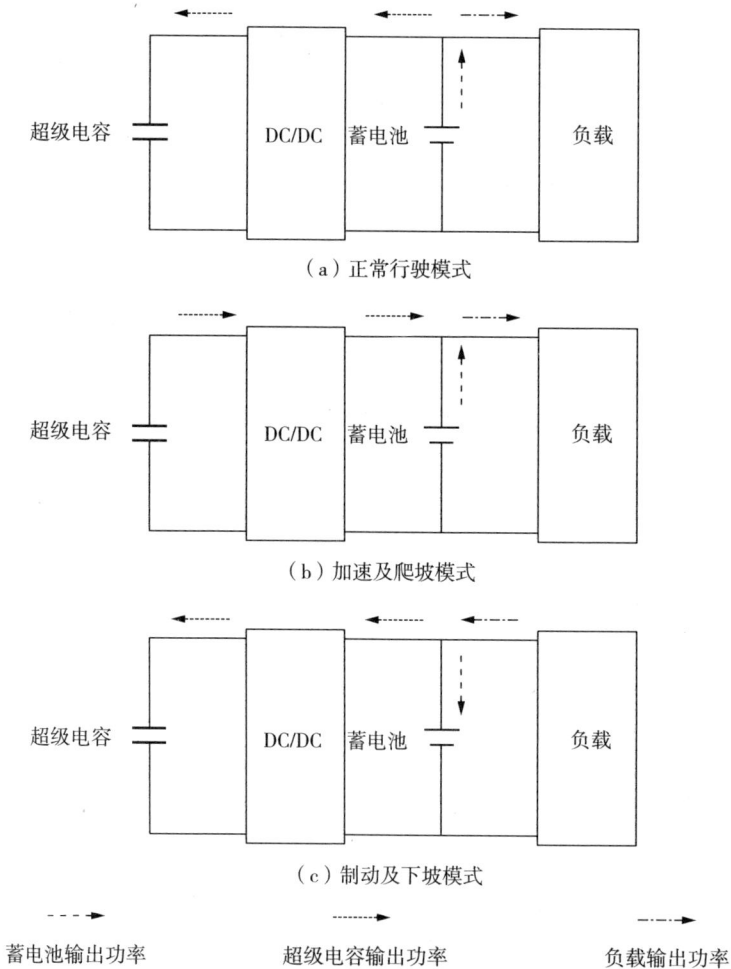

（a）正常行驶模式

（b）加速及爬坡模式

（c）制动及下坡模式

蓄电池输出功率　　　　　超级电容输出功率　　　　　负载输出功率

图5-3　复合能源系统工作模式

## 5.2　复合能源系统参数匹配

复合能源系统参数匹配问题就是匹配复合能源的质量比和混合比。质量比是指能源总质量占整车质量的百分比。对于纯电动乘用车,《纯电动乘用车技术条件》(GB/T 28382—2012) 建议质量比不宜超过 30%,实际一般在 30%～50%;混合比定义为高比功率能源质量占总能源质量的百分比。研究表明,伴随着质量比的增加,车辆行驶里程也随着增加,同时也会导致整车质量增加,从而降低燃料经济性;混合比同时影响着行驶里程和燃料经济性。

复合能源系统参数匹配主要考虑质量比和混合比与以下几种约束的关系。

### 5.2.1　动力性能约束

复合能源系统输出功率应满足驱动电机所需的最大输出功率 $P_e$,即:

$$P_b + P_c \geqslant P_e \tag{5-1}$$

$$P_b = m_z \eta_m (1 - \eta_h) X_b \tag{5-1}$$

$$P_c = m_z \eta_m \eta_h X_c \tag{5-3}$$

$$m_z = m_d + m_e \text{ 或 } m_z = \frac{m_d}{1 - \eta_m} \tag{5-4}$$

式中: $P_b$——蓄电池功率;

$P_c$——超级电容功率;

$P_e$——驱动电机功率;

$m_z$——电动车整车质量;

$m_d$——除能源外的底盘质量;

$m_e$——能源总质量;

$\eta_m$——质量比;

$\eta_h$——混合比;

$X_b$——蓄电池比功率;

$X_c$——超级电容比功率。

由式(5-1)至式(5-4)可得:

$$\frac{m_{\mathrm{d}}}{1-\eta_{\mathrm{m}}}\eta_{\mathrm{m}}(1-\eta_{\mathrm{h}})X_{\mathrm{b}}+\frac{m_{\mathrm{d}}}{1-\eta_{\mathrm{m}}}\eta_{\mathrm{m}}\eta_{\mathrm{h}}X_{\mathrm{c}}\geqslant P_{\mathrm{e}} \qquad (5-5)$$

驱动电机功率应满足纯电动矿车动力的性能需求,包括加速性能、爬坡性能、最高车速等。如图 5-4 所示,在不计传动系统损失情况下,车辆在前进方向上的动力学方程满足:

$$F_{\mathrm{t}}=F_{\mathrm{r}}+F_{\mathrm{w}}+F_{\mathrm{i}}+F_{\mathrm{a}} \qquad (5-6)$$

式中: $F_{\mathrm{t}}$——牵引力,见式 (3-4);

$F_{\mathrm{r}}$——滚动阻力,见式 (3-6);

$F_{\mathrm{w}}$——空气阻力,见式 (3-7);

$F_{\mathrm{i}}$——爬坡阻力,见式 (3-8);

$F_{\mathrm{a}}$——加速阻力,见式 (3-9)。

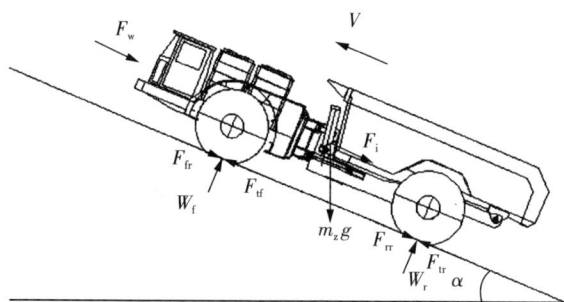

图 5-4 车辆受力图

1. 加速性能

假设纯电动矿车在水平道路上行驶, $F_{\mathrm{i}}=0$ ,由式 (5-6) 可知加速性能如下:

$$\frac{\mathrm{d}v}{\mathrm{d}t}=\frac{F_{\mathrm{t}}-F_{\mathrm{r}}-F_{\mathrm{w}}}{m_{\mathrm{z}}g} \qquad (5-7)$$

需求功率:

$$P_{\mathrm{e\_a}}=\frac{v}{3600}\Big(\delta m_{\mathrm{z}}\frac{\mathrm{d}v}{\mathrm{d}t}+m_{\mathrm{z}}gf+\frac{C_{\mathrm{d}}A\,v^{2}}{21.15}\Big) \qquad (5-8)$$

2. 爬坡性能

同样的,当纯电动矿车以恒定速度爬坡时, $F_{\mathrm{a}}=0$ ,由式 (5-6) 可得:

$$sin\alpha = \frac{F_t - F_r - F_w}{m_z g} \quad\quad (5-9)$$

需求功率:

$$P_{e\_i} = \frac{v_i}{3600}\left(m_z g sin\alpha + m_z g f cos\alpha + \frac{C_d A v_i^2}{21.15}\right) \quad\quad (5-10)$$

式中: $v_i$——车辆爬坡速度。

3. 最高车速

由式(5-6)可知,在平坦道路上,纯电动矿车爬坡阻力 $F_i = 0$,车速最大时加速阻力 $F_a = 0$,有:

$$F_t = F_r + F_w \quad\quad (5-11)$$

需求功率:

$$P_{v\_max} = \frac{v_{max}}{3600}\left(m_z g f + \frac{C_d A v_{max}^2}{21.15}\right) \quad\quad (5-12)$$

式中: $v_{max}$——最高车速。

综上所述,驱动电机输出功率 $P_e$ 应满足:

$$P_e \geqslant max\,(P_{e\_a},\ P_{e\_i},\ P_{v\_max}) \quad\quad (5-13)$$

## 5.2.2 续驶里程约束

假定行驶环境稳定,纯电动矿车在平坦道路上按照表 3-1 的设计要求以 10km/h 匀速行驶 45min,由能量守恒,车辆续驶里程为 $S$,则:

$$F_{fw}S = \frac{P_{fw}}{v}S = E\eta_e \Rightarrow S = v\frac{E\eta_e}{P_{fw}} \quad\quad (5-14)$$

式中: $v$——车速;

$E$——纯电动矿车能源充满电时所存储的能量;

$\eta_e$——能源装置能量转换效率;

$F_{fw}$——纯电动矿车滚动阻力和空气阻力之和;

$P_{fw}$——滚动阻力和空气阻力消耗的平均功率。

$$P_{fw} = F_f v + F_w v = \frac{m_d}{1-\eta_m} gfv + \frac{1}{2} C_d A \rho v^3 \qquad (5-15)$$

复合能源系统所存储的能量为：

$$E = m_c Y_c + m_b Y_b = \frac{m_d}{1-\eta_m} \eta_m \eta_h Y_c + \frac{m_d}{1-\eta_m} \eta_m (1-\eta_h) Y_b \qquad (5-16)$$

式中：$m_c$——超级电容质量；

$m_b$——蓄电池质量；

$Y_c$——超级电容比能量；

$Y_b$——蓄电池比能量。

将式（5-15）、式（5-16）代入式（5-14），经整理可得：

$$S = \frac{m_d \eta_m \eta_h Y_c + m_d \eta_m (1-\eta_h) Y_b}{m_d gf + \frac{1}{2}(1-\eta_h) C_d A \rho v^2} \qquad (5-17)$$

### 5.2.3  单位里程能耗约束

单位里程能耗是指车辆单位里程所消耗的能源系统中的电能，《电动汽车术语》（GB/T 19596—2017）定义电动汽车单位里程能耗为电动汽车经过规定的试验循环后对动力蓄电池重新充电至试验前的容量，从电网上得到的电能除以行驶里程所得的值，单位为 Wh/km。因而有：

$$e = \frac{E}{S} \qquad (5-18)$$

将式（5-16）、式（5-17）代入式（5-18）可得：

$$e = \frac{\dfrac{m_d}{1-\eta_m} gf + \dfrac{1}{2} C_d A \rho v^2}{\eta_e} \qquad (5-19)$$

### 5.2.4  驱动和再生制动能量回收约束

在车辆设计中，超级电容的容量主要考虑对连续峰值驱动功率的提供和对再生制动能量的回收。如图 5-5 所示，对峰值驱动功率的需求主要在车辆满载爬坡阶段，当驱动功率需求超过 $P_{mean}$ 时，由蓄电池提供 $P_{mean}$，由超级电容提供余下功率；对再生制动能量的回收主要在空载下坡时，只要超级电容 SOC 未满，就优先由超级电容对再生制动能量进行回收。

$$m_z\,\eta_m\,\eta_h\,Y_c\,\eta_d \geqslant \int_{t_a}^{t_b} \left[ P_r(t) - P_b(t) \right] \mathrm{d}t \qquad (5-20)$$

$$m_z\,\eta_m\,\eta_h\,Y_c \geqslant \eta_b \int_{t_c}^{t_d} \left[ P_r(t) - P_b(t) \right] \mathrm{d}t \qquad (5-21)$$

式中：$P_r(t)$ ——$t$ 时刻需求功率；

$\quad\quad P_b(t)$ ——$t$ 时刻蓄电池提供的功率；

$\quad\quad \eta_d$ ——驱动能量转换效率；

$\quad\quad \eta_b$ ——制动能量回收转换效率。

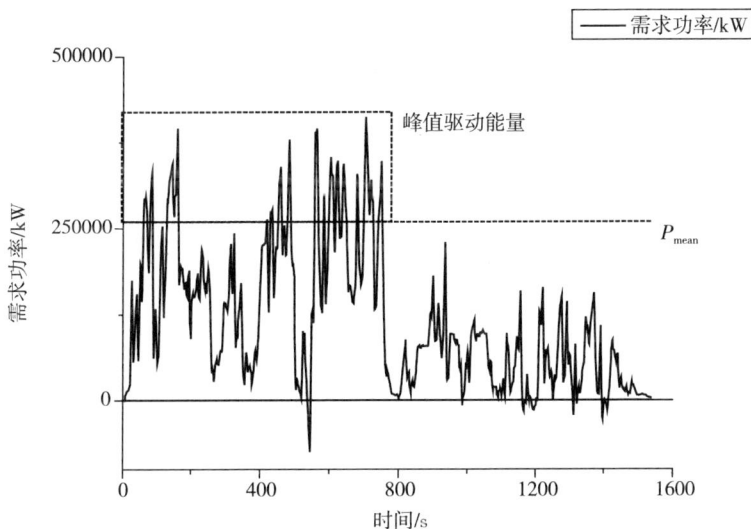

图 5-5　纯电动矿车需求功率

将所有参数代入后，可以得到满足上述约束的质量比和混合比可行域，即在图 5-6 中由爬坡度、行驶里程、峰值驱动能量三条虚线围成的区域。图中 $A$ 点为刚好满足续驶里程要求且动力性能最好的点。此时的质量比为 1.42%，混合比为 28.01%，相应的蓄电池及超级电容数量分别为 326、1111。

本书所研究的原车采用 360 块 LiFePO$_4$ 蓄电池，留有一定余量，为便于分析超级电容对纯电动矿车的作用，本书不改变原车蓄电池数量，在此基础上添加满足前述约束条件的超级电容。具有 360 块蓄电池的复合能源的质量比和混合比曲

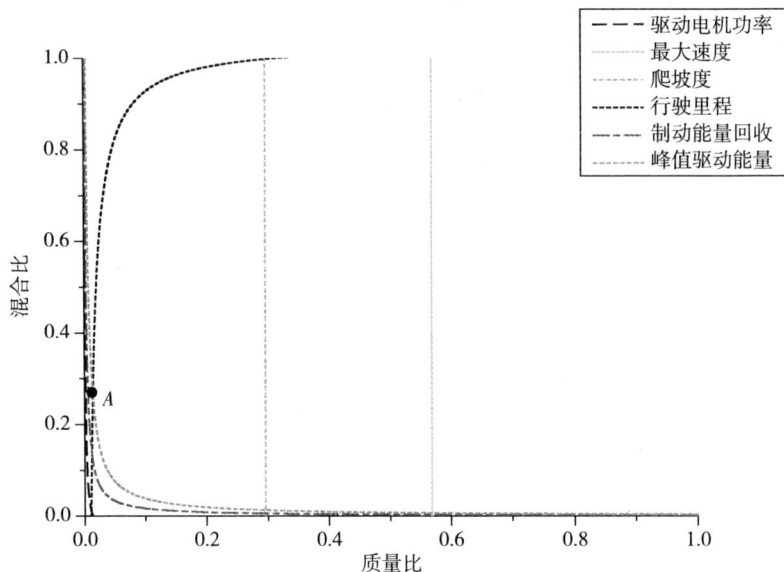

图 5-6  复合能源质量比、混合比可行域

线与峰值驱动能量线相交于 $A'$ 点，如图 5-7 所示，相交点的质量比和混合比分别为 1.53%、26.06%，相应的蓄电池和超级电容数量分别为 360、1110。

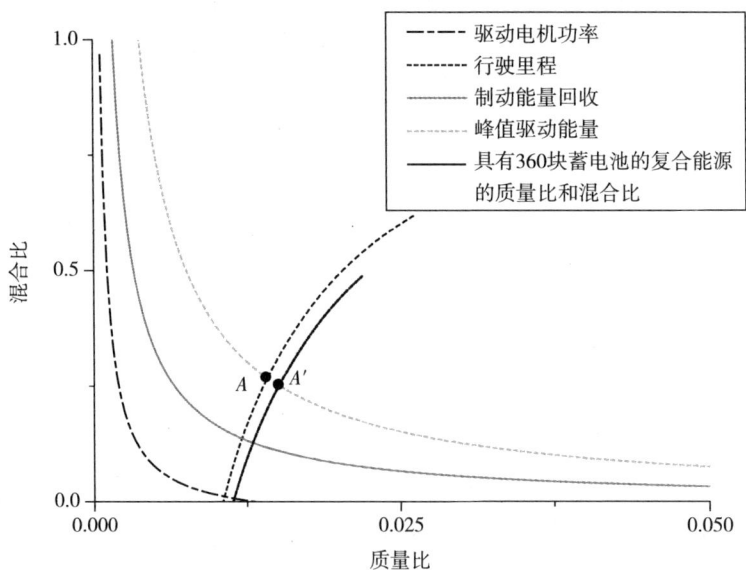

图 5-7  具有 360 块蓄电池的复合能源的质量比和混合比

## 5.3　基于 ADVISOR 2002 的复合能源系统开发

ADVISOR 2002 是美国国家可再生能源实验室在 MATLAB 和 Simulink 软件环境下开发的高级车辆仿真软件，采用模块化设计思想，以后向仿真为主、前向仿真为辅的混合仿真方法，能够对各种汽车动力性能和经济性能进行快速分析。由于 ADVISOR 2002 自带的 EV 模型只支持一个能源存储装置，第二个储能单元 Energy Storage2 默认状态下不能选用，需要对 ASVISOR2002 进行二次开发，激活第二个储能装置，对其进行顶层模块修改，添加超级电容，建立 DC/DC 变换器模型，并对车辆定义文件及装载配置文件进行重新定义与修改等，本书不对开发过程做详细介绍。

## 5.4　复合能源能量管理

在复合能源系统中，能量管理策略需要实现三个主要功能，即实现驱动功率在主能源和辅助能源之间的合理分配；实现超级电容对峰值驱动功率的提供和再生制动能量的充分吸收，减少蓄电池电流波动；实现对超级电容的有效利用，防止电压过低，使其保持在高效率工作区。

### 5.4.1　常见的复合能源能量管理策略

单一蓄电池能源纯电动矿车的能量源只有蓄电池，能量分配策略相对简单。而复合能源由蓄电池和超级电容组成，若要发挥复合能源的优势，减少反复充放电对蓄电池带来的冲击，延长蓄电池寿命，发挥蓄电池高比能量和超级电容高比功率特点，需要制定合理的能量分配策略。常见的复合能源管理方法有以下几种：

（1）同时考虑电动汽车功率需求、蓄电池 SOC 和超级电容 SOC 的基于规则的控制策略（RBC，rule-based controller）；

（2）通过操作者或专家知识语言控制策略进行自动控制的模糊逻辑控制策略（FLC，fuzzy logic controller）；

（3）将电动汽车牵引系统的功率需求分离为低频和高频两部分，并由超级电容提供高频分量以保持蓄电池电流分布平稳的功率过滤控制策略（FBC，filtration based controller）；

（4）基于对受控对象进行预测的模型预测控制策略（MPC，model predictive controller）；

（5）采用神经网络方法的神经网络控制策略（NNC，neural networks）。

相比其他控制策略，基于规则的控制策略和模糊逻辑控制策略更容易实现。其中模糊逻辑控制策略依据人们在实际工作中总结的经验用模糊语言来制定控制规则，不需要得到控制对象的精确模型，使用简单，目前被广泛应用于纯电动汽车及混合动力汽车能量管理研究当中。而基于规则的控制策略与模糊逻辑控制策略一样，在上述所有控制策略中，能够达到与采用动态规划方法获得的最优解最为接近的控制效果。因此，本书选择基于规则的控制策略对复合能源进行研究。

## 5.4.2 基于规则的复合能源控制策略

### 1. 控制策略

本书制定的基于规则的控制策略根据纯电动矿车总功率需求$P_r$，由蓄电池单独提供功率上限$P_{mean}$，蓄电池给超级电容充电功率$P_{ch}$，超级电容可提供功率$P_{c\_a}$、可充电功率$P_{c\_ch}$、底线电压$U_{cmin}$、平衡电压$U_{cl}$，以及$SOC_c$进行需求功率分配，实现超级电容对峰值驱动功率的提供和再生制动能量的充分吸收，减少蓄电池电流波动，控制策略流程图如图 5-8 所示。

（1）当$P_r > P_{mean}$时，如果超级电容电压大于超级电容底线电压即$U_c > U_{cmin}$，超级电容可提供功率$P_{c\_a} > P_r - P_{mean}$，则由超级电容提供$P_r - P_{mean}$，蓄电池提供$P_{mean}$，否则由超级电容提供其最大放电功率$P_{c\_a}$，其余功率由蓄电池提供；如果$U_c \leqslant U_{cmin}$，则由蓄电池提供全部功率，同时以恒功率$P_{ch}$向超级电容充电。

（2）当$0 \leqslant P_r < P_{mean}$时，如果超级电容电压大于超级电容充电电压$U_{cl}$即$U_c > U_{cl}$，超级电容不工作，由蓄电池提供全部功率；如果$U_c \leqslant U_{cl}$，则由蓄电池提供全部功率，并以恒功率$P_{ch}$向超级电容充电。

（3）当$P_r < 0$时，蓄电池不对超级电容进行充电，超级电容吸收尽可能多的再生制动能量。当超级电容$SOC_c < 1$时，如果需求功率小于超级电容可充电功率$P_{c\_ch}$（负值）即$P_r \leqslant P_{c\_ch}$，则由超级电容回收$P_{c\_ch}$，其余由蓄电池回收，否则全部由超级电容回收；当$SOC_c = 1$时，超级电容不工作，由蓄电池回收全部功率。

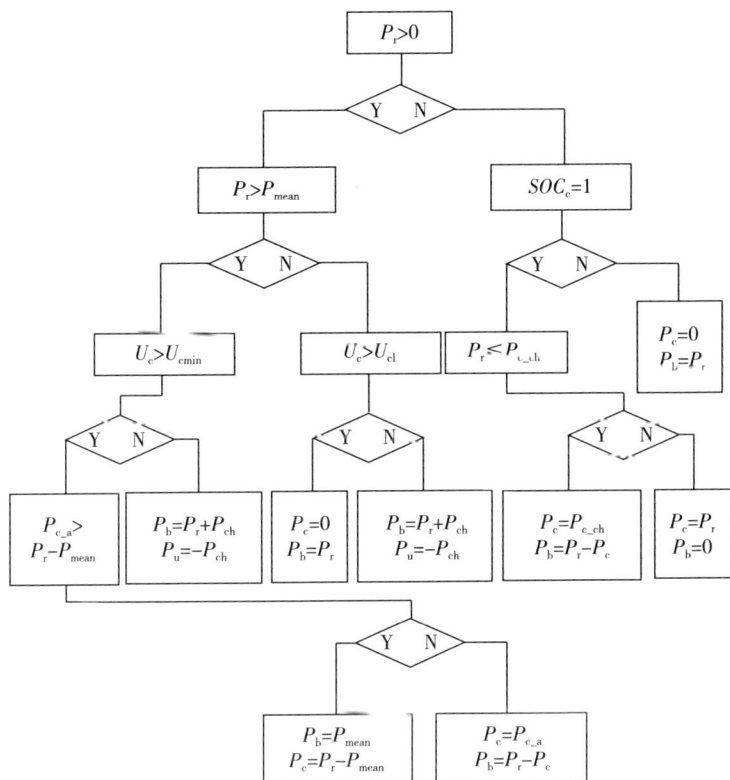

图 5-8　基于规则的控制策略流程图

**2. 控制参数选择**

对由 360 块蓄电池加 1110 块超级电容所组成的复合能源采用不同的 $P_{mean}$ 和 $P_{ch}$，运行仿真模型得到相应的整车能耗和蓄电池寿命，如图 5-9 所示。

由图 5-9（a）可知，整车能耗同时受 $P_{mean}$ 和 $P_{ch}$ 影响：

（1）当 $P_{mean}$ 较小甚至为 0 时，先将超级电容的能量全部使用完毕，而后使用蓄电池能量，超级电容能量很快被消耗，超级电容电压降低至底线电压 $U_{cmin}$，不能在后续起到削峰填谷作用，整车能耗较高。当超级电容电压为底线电压 $U_{cmin}$ 时，蓄电池以恒功率 $P_{ch}$ 向超级电容充电，由于经过蓄电池—DC/DC 变换器—超级电容—DC/DC 变换器—驱动电机，存在蓄电池给超级电容充电损耗、双向 DC/DC 变换器损耗和超级电容充放电损耗，充电功率 $P_{ch}$ 越高，损耗越高，整车能耗也越高。

（2）当 $P_{ch}$ 较小时，蓄电池在 $0 \leqslant P_r < P_{mean}$ 时为超级电容充电，当 $P_{mean}$ 较小时，超级电容需要承担更多的输出功率，导致其电压经常低于平衡电压 $U_{cl}$，由于在 $0 \leqslant P_r < P_{mean}$ 时，蓄电池为超级电容充电，随着 $P_{mean}$ 的增加，蓄电池为超级

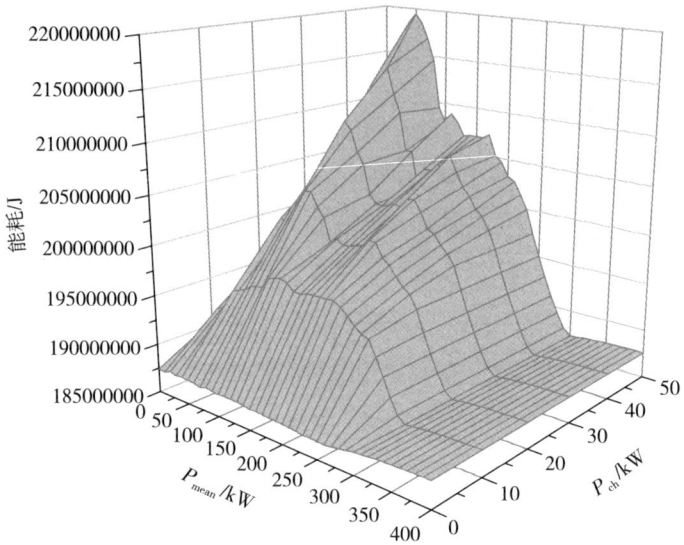

（a）不同$P_{mean}$和$P_{ch}$与整车能耗

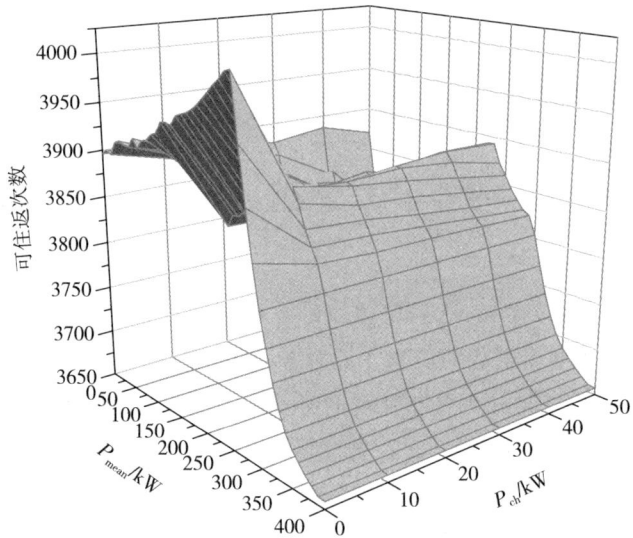

（b）不同$P_{mean}$和$P_{ch}$与蓄电池寿命

图 5-9　不同$P_{mean}$和$P_{ch}$与整车能耗及蓄电池寿命

电容充电增加，整车能耗增加；当$P_{mean}$增加到一定程度，蓄电池承担了更多的驱动能量，超级电容所需充电能量减少，超级电容起到削峰填谷作用，整车能耗呈现下降趋势，直至$P_{mean}$增加到某一值；继续增加$P_{mean}$值，超级电容需要提供的功率降低，具有的削峰填谷作用也降低，整车能耗继续增加；当$P_{mean}$值达到一定数值时，超级电容需要提供的能量较少，不会导致其电压低于平衡位置，蓄电池不对超级电容充电，$P_{ch}$对整车能耗没有影响。

（3）当$P_{ch}$非常小甚至为 0 时，蓄电池为超级电容充电和超级电容充放电的损失较小，随着$P_{mean}$的增加，超级电容削峰填谷作用逐渐达到最大而后降低，整车能耗先降后升。

由图 5-9（b）可知，蓄电池寿命受$P_{mean}$影响较大，受$P_{ch}$影响并不明显。比较图 5-9（a）和图 5-9（b）发现，蓄电池寿命与整车能耗在整体上呈反比例关系，即整车能耗越高，蓄电池寿命越短，整车能耗越低，蓄电池寿命越长。设车辆总能耗为 $x1$，蓄电池工况循环次数的倒数为 $x2$，则关于整车能耗最低和蓄电池循环寿命最长的多目标函数可以描述为：

$$f_{min}(x1, x2) = x1 + \gamma x2 \tag{5-22}$$

式中：$\gamma$——权重因子。

综上所述，以降低整车能耗为主要目标，兼顾提高蓄电池寿命，获得能耗最低时的控制参数，取$P_{mean}=260\text{kW}$，$P_{ch}=0\text{kW}$。

**3. 复合能源质量比、混合比参数再匹配**

采用上文讨论的能量控制策略及参数，对 360 块 $LiFePO_4$ 蓄电池搭载不同数量超级电容进行仿真，仿真结果如图 5-10 所示。随着超级电容数量的增加，整车能耗和蓄电池寿命先是得到明显改善，达到最优点后，随着超级电容数量的增加，整车能耗开始增加，蓄电池寿命也不再提高，甚至有所下降。可见，当混合比较低时，超级电容不能够提供峰值功率和充分吸收制动能量，对蓄电池的削峰填谷作用较低，整车能耗降低和蓄电池寿命延长有限；当混合比超过饱和点时，再增加混合比，会使能源系统质量增加，比能量降低，超级电容的削峰填谷作用却不再增加，复合能源效率不会继续提高，反而导致整车能耗开始上升，蓄电池寿命提高能力逐渐减少。采用式（5-22）所使用的多目标优化方法，取使整车能耗最低的复合能源质量比和混合比。单一能源和复合能源参数见表 5-1 所列。

表 5-1 单一能源和复合能源系统参数

| | 单一能源 | 复合能源 |
|---|---|---|
| 质量比 | 1.13% | 1.52% |
| 混合比 | 0 | 25.71% |
| 蓄电池数量 | 360 | 360 |

（续表）

|  | 单一能源 | 复合能源 |
|---|---|---|
| 超级电容数量 | 0 | 1090 |
| 能源质量/kg | 1134 | 1526.4+80（DC/DC） |
| 车辆满载总质量/kg | 100000 | 100472.4 |

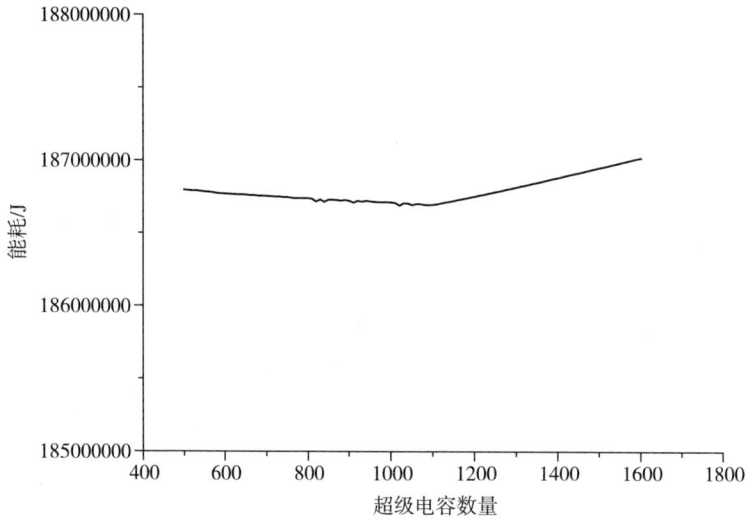

（a）超级电容数量与车辆能耗

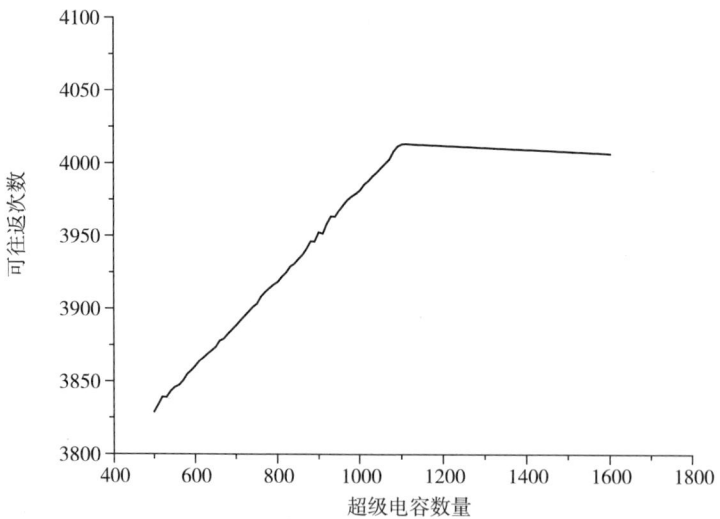

（b）超级电容数量与蓄电池寿命

图 5-10　超级电容数量与车辆能耗及蓄电池寿命

# 5.5　仿真分析

不计纯电动矿车卸载和控制系统对能源的需求，以纯电动矿车从装载地点满载爬坡抵达卸载地点再空载返回到装载地点为一次工作循环，对纯电动矿车在不同能源系统下的性能和蓄电池寿命进行研究。

## 5.5.1　经济性能和动力性能

不同能源系统经济性能对比见表5-2所列。从表5-2可以看出，采用复合能源系统，虽然比采用单一蓄电池能源系统的整车质量增加479.6kg，但是在一次工作循环中的总能耗还是降低了0.06%。

表5-2　不同能源系统经济性能对比

|  | 单能源系统 | 复合能源系统 | 改善比例 |
|---|---|---|---|
| 总质量/kg | 100000 | 100472.4 | 增加0.47% |
| 行驶里程/km | 4.35 | 4.35 | —— |
| 能耗/kJ | 186610 | 186490 | 降低0.06% |

为检验复合能源系统对车辆动力性能的影响，对车辆0~5km/h、5~10km/h、10~15km/h的加速性能进行仿真，仿真结果见表5-3所列。采用复合能源系统，车辆的加速性能得到提高，车辆0~15km/h加速时间减少了13.33%。所采用的复合能源混合比和控制方法能够很好地发挥超级电容可以快速大功率放电的优势。

表5-3　不同能源系统动力性能对比

| 动力性能 | 速度 | 单一能源 | 复合能源 | 提高比例 |
|---|---|---|---|---|
| 加速性能 | 0~5km/h | 0.3s | 0.3s | 0% |
|  | 5~10km/h | 0.7s | 0.6s | 14.29% |
|  | 10~15km/h | 1.5s | 1.3s | 13.33% |
| 爬坡性能 | 3.5km/h | 24.8% | 24.6% | -0.81% |
| 最高车速 |  | 16.4km/h | 16.2km/h | -1.22% |

在本书所研究原车加装超级电容后，车辆爬坡性能和最高车速由于车身质量增加 479.6kg，约占整车的 0.48%，受车辆驱动电机最大功率限制，车辆爬坡性能和最高车速有所降低，分别降低 0.81% 和 1.22%，降低幅度不大，仍可满足车辆在 3.5km/h 爬坡度 15% 及最高车速 15km/h 的要求。可见，采用的复合能源及其控制策略能够提高车辆经济性能和动力性能。

### 5.5.2 蓄电池功率和电流

复合能源系统会在蓄电池和超级电容之间进行功率分配，如图 5 - 11、图 5 - 12 所示。相比单一能源系统，复合能源蓄电池峰值功率得到明显降低，再生制动功率几乎为 0。超级电容在驱动功率超过 260kW 时提供峰值功率，而在再生制动时，控制策略将几乎所有的制动功率分配给超级电容，超级电容在整个满载运送过程中反复进行充放电，在空载返航时提供再生制动功率。

复合能源系统中，蓄电池充、放电电流明显降低，最大放电电流和最大充电电流与单一能源系统相比分别降低 39% 和 100%，如图 5 - 13 所示。充、放电电流降低，能够减少蓄电池内阻损耗及库伦效应损耗，提高蓄电池效率和能量利用效率。以车辆满载上坡为例，仿真结果显示，采用复合能源系统，超级电容平均效率高达 98%，蓄电池平均效率由单一能源的 95.63% 提高到复合能源的 96.18%，提高 0.58%；能量利用率由单一能源的 58.9% 提高到复合能源的 59.2%，提高 0.51%。

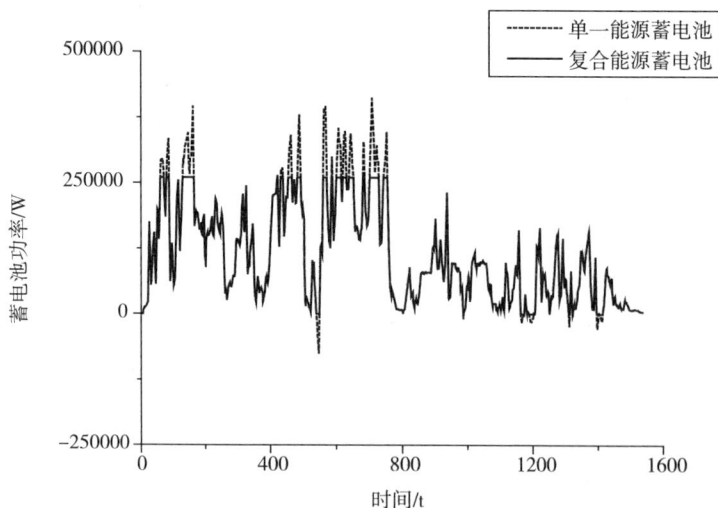

图 5 - 11　不同能源系统蓄电池功率

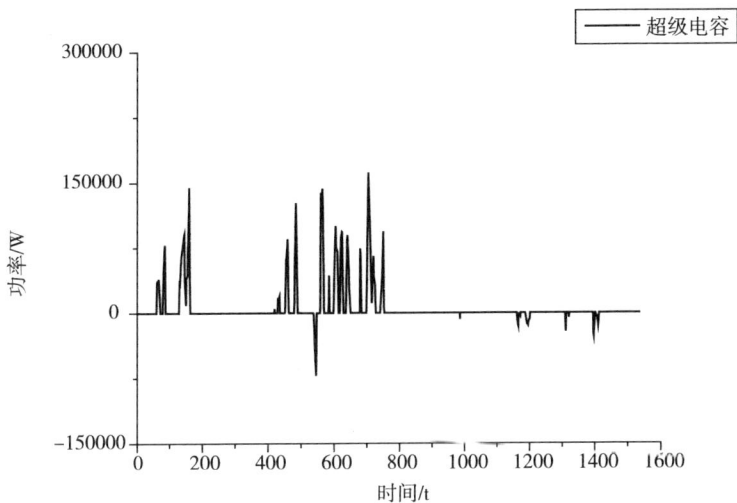

图 5-12　超级电容功率

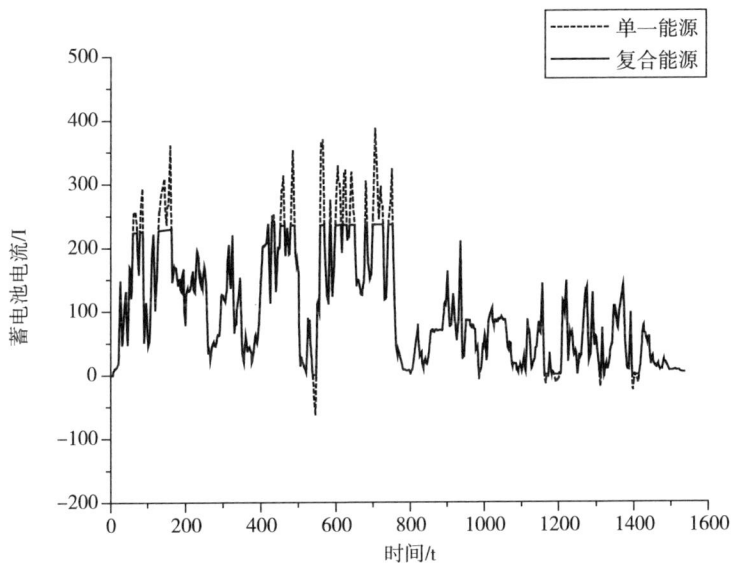

图 5-13　不同能源系统蓄电池电流

## 5.5.3　蓄电池寿命

根据不同能源系统蓄电池电流（图 5-13）可知，蓄电池容量损失可以采用 3.2 中所讨论的方法进行估算，不同能源系统蓄电池的工况循环寿命损失如

图 5-14 所示。由图 5-14 可知，采用复合能源系统，蓄电池循环工况寿命由单一能源系统的 3675 次提高到 4013 次，提高 9.2%。

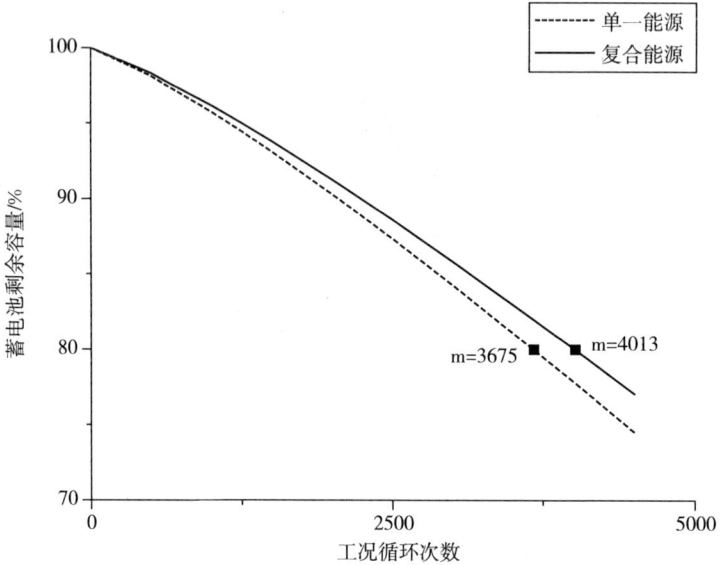

图 5-14 不同能源系统蓄电池行驶工况循环寿命

# 6　再生制动能量回收存储控制

纯电动矿车完全采用电驱动，以车载电源或供电架线提供能源，不需要燃烧柴油，制动时能够回收再生制动能量，效率高、无污染。传统的电动轮矿用自卸车采用柴油机－电动轮技术，驱动时，化学能经柴油机转变为机械能，带动发电机发电产生电能，再传递给电动机驱动车轮转动；制动时，车辆动能由车轮传递给电动机，电动机作为发电机将制动能转化为电能，再通过制动电阻以热量形式消耗。再生制动是纯电动矿车区别电动轮矿车的重要特点。纯电动矿车制动时将驱动电机切换到发电状态，产生制动力矩，对车辆动能进行回收并存储于车载能量系统中，对于提高车辆续驶里程和经济性能有着显著的作用。本章通过对车辆坡道制动力学进行分析，建立前、后轴载荷及制动力分配模型，采用再生制动优先控制策略建立基于车速、基于Ⅰ曲线、基于β线和基于前轴制动力最大四种再生制动策略，对纯电动矿车再生能量回收存储控制特点进行研究。

## 6.1　驱动电机电气制动方法

纯电动矿车的永磁同步直流驱动电机有两种运行状态，即电动运转状态和制动运转状态。

1. 电动运转状态

蓄电池向驱动电机输入电能，电能经驱动电机转化为机械能带动车轮转动，此时驱动电机转矩 $T$ 方向与转速 $n$ 方向相同，驱动电机工作在第Ⅰ象限机械特性曲线 $M_Ⅰ$（正转电动）或者第Ⅲ象限机械特性曲线 $M_Ⅲ$（反转电动）如图 6-1 所示。

2. 制动运转状态

驱动电机作为发电机吸收机械能，将机械能转化为电能并存储在蓄电池中，此时驱动电机转矩 $T$ 方向与转速 $n$ 方向相反，驱动电机工作在第Ⅱ象限机械特性

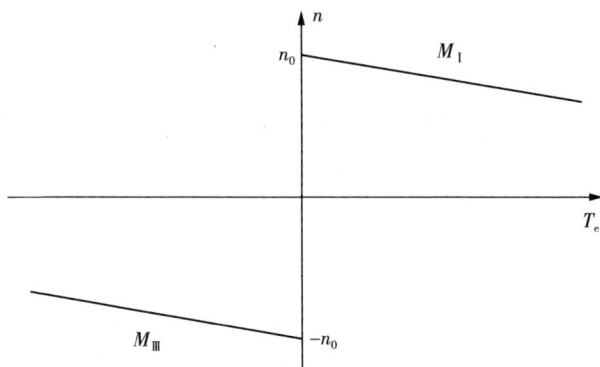

图 6-1 驱动电机电动状态运行机械特性

曲线 $M_{II}$（正转制动）或者第 IV 象限机械特性曲线 $M_{IV}$（反转制动）如图 6-2 所示。

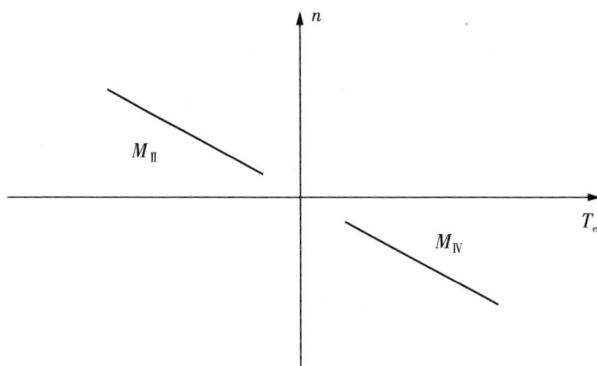

图 6-2 驱动电机制动状态运行机械特性

驱动电机制动可以采用电气制动方式，其制动方式有能耗制动、反接制动和再生制动三种。

（1）能耗制动

图 6-3 为能耗制动电路示意图。能耗制动时需要外接能耗电阻，不仅消耗能量，还需要改变硬件结构。

（2）反接制动

图 6-4 为反接制动电路示意图。反接制动需要消耗电源能量，会产生较大的制动电流和制动转矩，制动效果最好，但会对驱动系统带来较大的冲击。

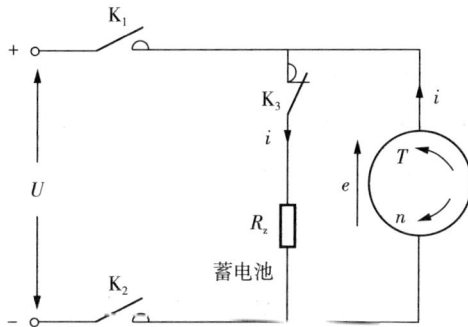

图 6-3 能耗制动电路示意图

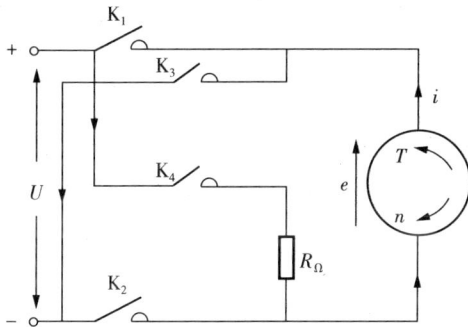

图 6-4 反接制动电路示意图

（3）再生制动

图 6-5 为再生制动电路示意图。再生制动不需要改变硬件结构，能够回收能量，但在车速较低时，驱动电机转速较低，此时产生的制动转矩不够大。

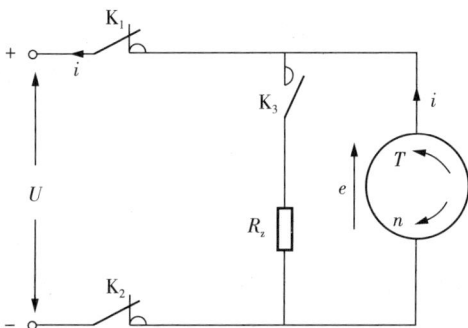

图 6-5 再生制动电路示意图

上述三种电气制动方式中，能耗制动和反接制动均属于能量消耗型电气制动，而再生制动能够回收车辆动能，将回收后的能量存储在蓄电池中，可供车辆行驶时使用。纯电动矿车进行工位调整或者卸货时需要倒车运行，这种工况在总工况中较少，且此时车速较低，车辆动能较小，可回收能量较低，因此本书主要研究车辆正转制动时的再生制动能量回收存储情况。

## 6.2 再生制动控制系统原理分析

为保证制动的稳定性和安全性，纯电动矿车制动控制系统采用混合制动系统，保留了机械制动系统，而在前、后轴增加再生制动系统，如图 6 - 6 所示。制动时，制动 ECU 根据制动踏板信号计算制动力需求并传输给整车 ECU，由整车 ECU 通过驱动电机 ECU 实施再生制动，并将可获得再生制动力反馈给制动 ECU，由制动 ECU 比较需求制动力和再生制动力，决定摩擦制动力大小，以实现再生制动和摩擦制动联合制动。

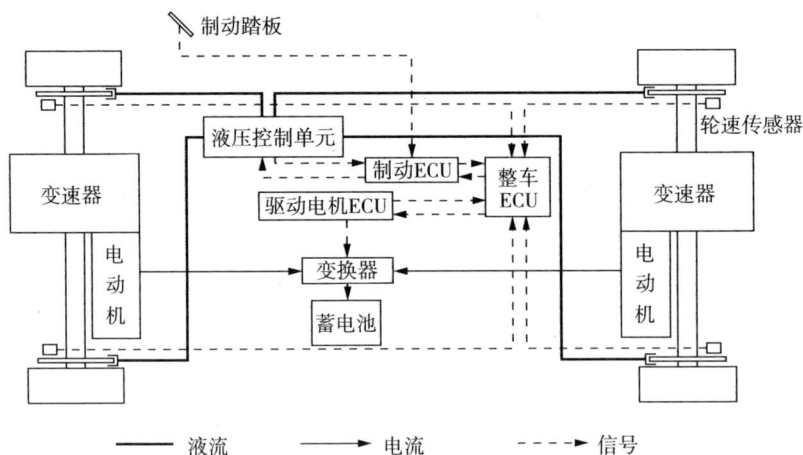

图 6 - 6 再生制动控制系统

这种混合制动系统主要解决两个方面的问题：一是如何合理地分配车辆前后轮制动力，以保证车辆能够稳定、可靠制动；二是如何在机械制动和再生制动之间进行分配，以回收更多的再生制动能量。

## 6.3　系统模型及控制策略

### 6.3.1　驱动电机、蓄电池及可提供再生制动力模型

驱动电机、蓄电池参数直接决定了车辆的再生制动力和再生能量回收存储能力。

1. 驱动电机力学模型

驱动电机在某一转速下所能提供的最大扭矩由驱动电机外特性决定,驱动电机的额定功率和驱动电机基速决定了驱动电机的功率特性。其转矩外特性曲线如图 6-7 所示。

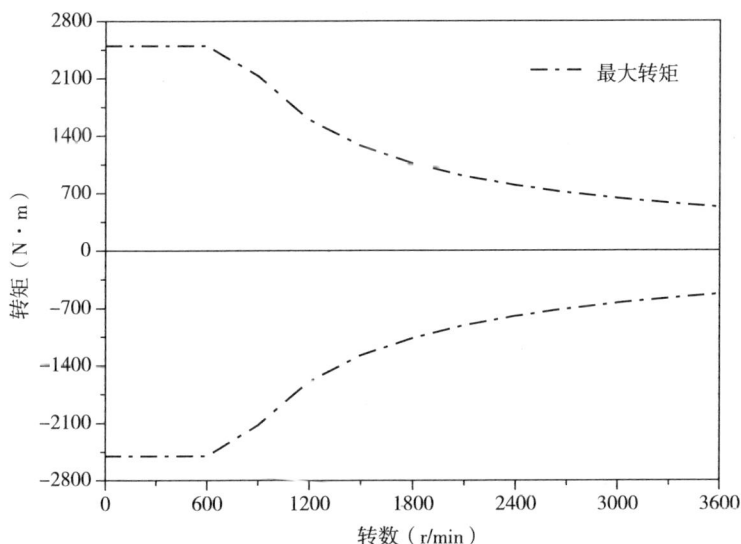

图 6-7　驱动电机外特性曲线

驱动电机转速低于基速$\omega_b$时,保持恒扭矩,功率与转速成比例;驱动电机转速在基速以上时,保持恒功率,输出转矩随转速增加不断减小,即:

$$T_{m_{max}} = \begin{cases} T_N & \omega_m \leqslant \omega_b & (6-1) \\ \dfrac{P_N}{\omega_m} & \omega_m > \omega_b & (6-2) \end{cases}$$

式中：$T_{m_{max}}$——驱动电机能提供的最大扭矩；

$T_N$——驱动电机额定扭矩，为 2500N·m；

$P_N$——驱动电机额定功率，为 200kW；

$\omega_m$——驱动电机转动角速度。

2. 驱动电机可提供再生制动力模型

车辆制动车速较低或者抱死时，由于驱动电机转速较低，产生的电动势较小，不足以给蓄电池充电，同时为了可靠制动和停车，此时应该采用机械摩擦制动。因此，引入转速影响因子 $K_{\omega_m}$。同时，为防止蓄电池过充，有必要考虑蓄电池 $SOC$ 的影响。本书假设蓄电池最大允许充电功率和充电电流能够满足驱动电机的实际发电功率和发电电流，则再生制动时，驱动电机可产生的再生自动力矩为：

$$T_{m_{reg\_avail}} = T_{m_{max}} K_{\omega_m} \qquad (6-3)$$

式中：$T_{m_{reg\_avail}}$——驱动电机可提供的制动力矩。

由上可知，驱动电机所能够提供的再生制动力为：

$$F_{m_{reg\_avail}} = \frac{T_{m_{reg\_avail}} \cdot i_0 \cdot i_g}{\eta_t \cdot r} \qquad (6-4)$$

式中：$F_{m_{reg\_avail}}$——驱动电机可提供的车轴制动力；

$i_0$——主减速器传动比；

$i_g$——变速器传动比；

$\eta_t$——传动系统效率；

$r$——车轮半径。

3. 蓄电池可提供再生制动功率模型

蓄电池 Rint 模型等效电路如图 6-8 所示。蓄电池内阻 $R_{int}$（充电电阻和放电电阻）、开路电压 $U_{oc}$ 是蓄电池荷电状态 $SOC$ 和温度的函数。若已知需求功率 $P$，蓄电池电流 $I$（输出电流/充电电流）可通过求解由基尔霍夫定律推导出的包含开路电压 $U_{oc}$、内阻 $R_{int}$、需求功率 $P$ 的二次方程获得，见式（3-41）。

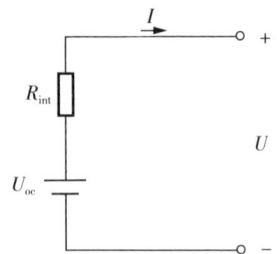

图 6-8 蓄电池 Rint 模型

再生制动过程中，蓄电池充电功率应满足式（6-5）：

$$P_{b_{reg}} = P_{m_{reg}} - I^2 R_{ch} - P_{acc} \tag{6-5}$$

式中：$P_{b_{reg}}$——蓄电池可提供再生制动功率；

　　　$P_{m_{reg}}$——驱动电机发电功率；

　　　$I$——蓄电池充电电流；

　　　$R_{ch}$——蓄电池充电电阻；

　　　$P_{acc}$——附属设备需求功率。

上式表明，当驱动电机的发电功率小于蓄电池允许允电功率与所有线路损耗及辅助设备功率之和时，再生制动系统能够回收驱动电机所有发电功率；当驱动电机的发电功率大于蓄电池允许充电功率与所有线路损耗及辅助设备功率之和时，再生制动系统无法回收驱动电机全部发电功率。

### 6.3.2　车辆坡道制动力学模型

1. 制动时地面对车辆前、后车轮的法向反作用力

纯电动矿车在路面上制动时的受力情况如图 6-9 所示。制动时，整车纵向受力平衡方程为：

$$F_\mu + F_w + F_r + F_i = ma \tag{6-6}$$

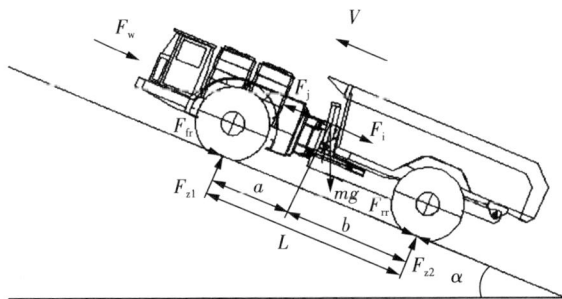

图 6-9　制动时矿车受力图

各阻力计算方法如下：

（1）车辆总制动力 $F_\mu$

$$F_\mu = F_{\mu1} + F_{\mu2} \tag{6-7}$$

式中：$F_{\mu1}$——前轮制动力；

　　　$F_{\mu2}$——后轮制动力。

（2）滚动阻力$F_r$

$$F_r = fG\cos\alpha \qquad (6-8)$$

式中：$f$——滚动阻力系数；

    $G$——车辆重力，$G = mg$。

（3）坡道阻力$F_i$

$$F_i = G\sin\alpha \qquad (6-9)$$

式中：$\alpha$——坡道角，上坡时取正值，下坡时取负值。

（4）风阻$F_w$

$$F_w = \frac{1}{2}\rho C_d A v^2 \qquad (6-10)$$

式中：$\rho$——空气密度；

    $C_d$——空气阻力系数；

    $A$——迎风面积。

将制动强度 $z = a/g$ 代入式（6-6），则有：

$$F_\mu + F_w + F_r + F_i = Gz \qquad (6-11)$$

由于本书所研究车辆车速较低，与其他受力相比，风阻$F_w$较小，为研究方便予以忽略。根据平衡条件，分别对前后轮接地点取力矩得：

$$\begin{cases} F_{z1} = \dfrac{G}{L}\left[b\cos\alpha - h_g(z + \sin\alpha)\right] & (6-12) \\[3mm] F_{z2} = \dfrac{G}{L}\left[a\cos\alpha + h_g(z + \sin\alpha)\right] & (6-13) \end{cases}$$

式中：$F_{z1}$——前轴地面法向力；

    $F_{z2}$——后轴地面法向力；

    $L$——轴距；

    $a$——汽车质心到前轴中心线的距离；

    $b$——汽车质心到后轴中心线的距离；

    $h_g$——汽车质心高度；

    $z = a/g$——制动强度，$a$ 为车辆减速度。

（1）车身结构对地面法向反作用力影响

由式（6-12）、式（6-13）可以看出，车身结构参数 $a$、$b$、$h_g$ 决定了制动时地面法向反作用力的分配方式，$a$ 越大（$b$ 越小），前轴法向反作用力越小，相应后轴法向反作用力越大；$a$ 越小（$b$ 越大），前轴法向反作用力越大，相应后轴法向反作用力越小。$h_g$ 越大，制动时法向反作用力随制动强度和坡道角度的变化越来越大。

（2）制动强度 $z$ 对地面法向反作用力影响

由式（6-12）、式（6-13）可以看出，车辆制动时，随制动强度增加，由惯性力作用在前轴的法向反作用力会增加，作用在后轴的法向反作用力会减少。为充分利用地面附着力，前轴制动力需求会增加，后轴制动力需求会减少。研究表明，在水平路面，单轴驱动纯电动汽车选择前轴驱动相比后轴驱动可以回收更多的制动能量。

（3）坡道角度对地面法向反作用力影响

由式（6-12）、式（6-13）可以看出，由于坡道的存在，上坡时，由于坡道下滑力作用，前轴法向反作用力会减少，后轴法向反作用力会增加；下坡时，在坡道下滑力作用下，前轴法向反作用力会增加，后轴法向反作用力会减少。

**2. 前后轴制动力分配**

当制动系统制动力足够时，制动过程可能出现三种工况，即（1）前、后轮同时抱死拖滑；（2）前轮先抱死拖滑，然后后轮抱死拖滑；（3）后轮先抱死拖滑，然后前轮抱死拖滑。

工况（1）地面附着条件利用最好，是理想制动情况；工况（2）是稳定工况，但丧失转向能力，附着条件利用没有工况（1）好；工况（3）后轴可能出现侧滑，是不稳定工况，应避免。

满足工况（1）的制动力分配曲线，被称为理想制动力分配曲线（I 曲线），如图 6-10 所示。纯电动矿车的 I 曲线表示为：

$$F_{\mu 1} + F_{\mu 2} = Gz - F_r - F_i \qquad (6-14)$$

$$\frac{F_{\mu 1}}{F_{\mu 2}} = \frac{F_{z1}}{F_{z2}} = \frac{b\cos\alpha - h_g(z + \sin\alpha)}{a\cos\alpha + h_g(z + \sin\alpha)} \qquad (6-15)$$

式中：$F_{\mu 1} = \varphi F_{z1}$——前轴制动力；

$F_{\mu 2} = \varphi F_{z2}$——后轴制动力；

$\varphi$——附着系数。

图 6-10 中的实线为 $\alpha=0$ 的水平路面 I 曲线。由式（6-12）、式（6-13）可知，相比水平路面，坡道下滑力会引起前后轴载荷转移，上坡时前轴载荷会减少，后轴载荷会增加，I 曲线绕着坐标原点整体向上偏移，下坡时正好相反。当前、后轴制动力分配点处于 I 曲线之上时，将造成后轴先抱死拖滑的危险工况。

满足工况（2）的制动力分配曲线，被称为 f 线，表示为：

$$
\begin{cases}
F_{\mu 1}=\varphi \dfrac{G}{L}\left[b\cos\alpha-h_{\mathrm{g}}(z+\sin\alpha)\right] & (6-16)\\[3mm]
F_{\mu 2}=Gz-F_{\mathrm{r}}-F_{\mathrm{i}}-F_{\mu 1} & (6-17)
\end{cases}
$$

如图 6-10 所示，同 I 曲线，相比水平道路 f 线，由于坡道下滑力作用，同一路面上坡时前轴抱死时的制动力会变小，下坡时会变大。f 线在车辆上坡时会整体向左平移，下坡时向右平移。

联合国欧洲经济委员会制定的 ECE R13 制动法规及我国国家标准 GB 12676—2014 对于最高设计车速 <25km/h 的各类汽车不适用。本书所研究车辆最高车速为 15km/h，因而本书不对 ECE 线进行研究讨论。

以纯电动矿车行驶工况最大坡度 15% 进行研究，根据式（6-14）至式（6-17）可以画出车辆在水平、上坡、下坡路面时的 I 曲线、f 线，如图 6-10 所示。图中前后轴制动力都是与整车载荷的比值，为无量纲量。

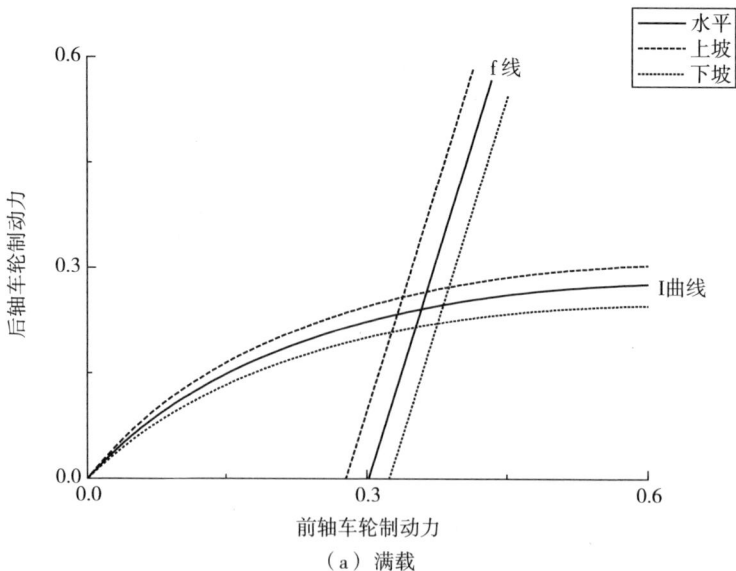

（a）满载

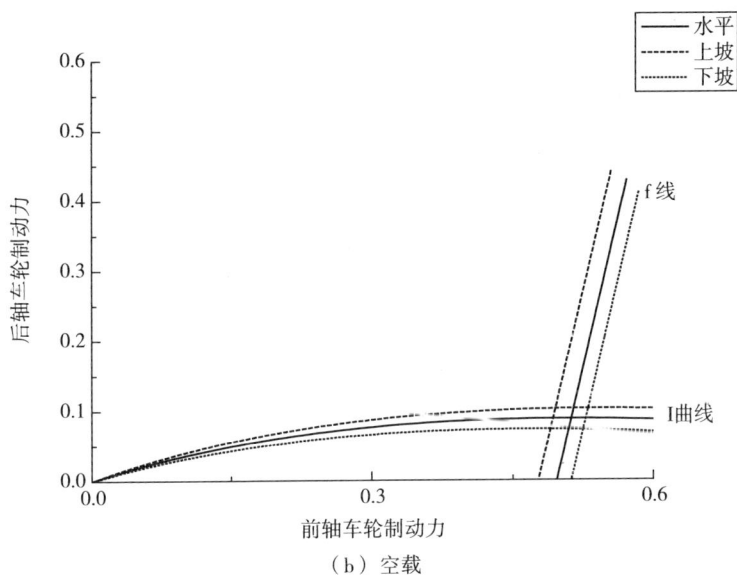

图 6 - 10　车辆前后轴制动力

### 6.3.3　再生制动策略

本书采用再生制动优先策略，即在某制动强度下，无论前后轴制动力如何分配，每个轴均优先考虑使用再生制动力，也就是说，将车轴需求制动力和该轴上电机可提供的再生制动力进行比较，如果驱动电机可提供的制动力大于或等于该轴所需要的制动力，则完全采用再生制动，摩擦制动力为 0；如果驱动电机能够提供的制动力小于该轴所需要的制动力，则采用机电复合制动，电制动力取驱动电机能够提供的制动力，不足部分由摩擦制动力补充；紧急制动时，为保证制动可靠，关闭再生制动，完全采用机械制动。

基于上述原则，本书制定了以下四种再生制动优先策略。

1. 基于车速的制动策略

基于车速的制动策略是一种基于车速的由再生制动和机械制动联合制动的并联制动控制策略。车速越高，车轴分配到的再生制动力越多，如图 6 - 11 所示。由车辆速度来确定车轴再生制动力分配系数 $dl$、车轴摩擦制动力分配系数 $faf$。

2. 基于 I 曲线的制动策略

与单轴驱动电动汽车相比，本书所研究的双轴四轮驱动纯电动矿用自卸车

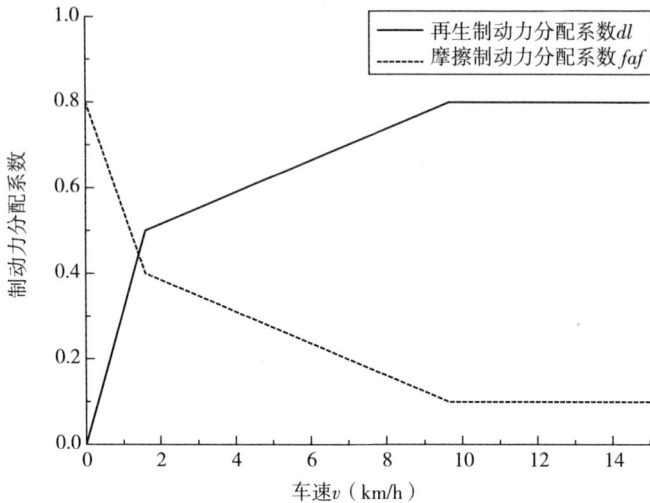

图 6 - 11　基于车速的制动力分配图

理论上可以充分利用驱动电机的快速响应特性，自由分配前后轴制动力，较容易实现按照 I 曲线进行制动力分配。如图 6 - 12 所示，车辆制动时，若采用水平道路 I 曲线制动，在车辆上坡时，该曲线位于实际 I 曲线下方，会使得前轴利用附着系数偏大，后轴利用附着系数偏小，不能很好地利用地面附着力；在车辆下坡时，该曲线位于实际 I 曲线上方，当地面附着系数较小时，会出现后轴先抱死的不稳定工况。因此，本书所制定的基于 I 曲线的再生制动策略引入了坡道下滑力所带来的车辆前后轴载荷转移，按照实际 I 曲线进行前后轴制动力分配。

　　3. 基于 β 线的再生制动策略

　　该策略中，车辆的前后制动力之比为一个固定值，通常以前制动器制动力 $F_{\mu1}$ 与车辆总制动器制动力 $F_{\mu}$ 之比 $\beta$——前轴制动器制动力分配系数来表示分配比例，则有：

$$\beta = \frac{F_{\mu1}}{F_{\mu}} \qquad (6 - 14)$$

　　β 线在制动力分配图上是一条过坐标原点，斜率为 $\tan\theta = \dfrac{1-\beta}{\beta}$ 的直线，β 线与 I 曲线交点 $\varphi_0$ 为同步附着系数，如图 6 - 12 所示。

（a）满载

（b）空载

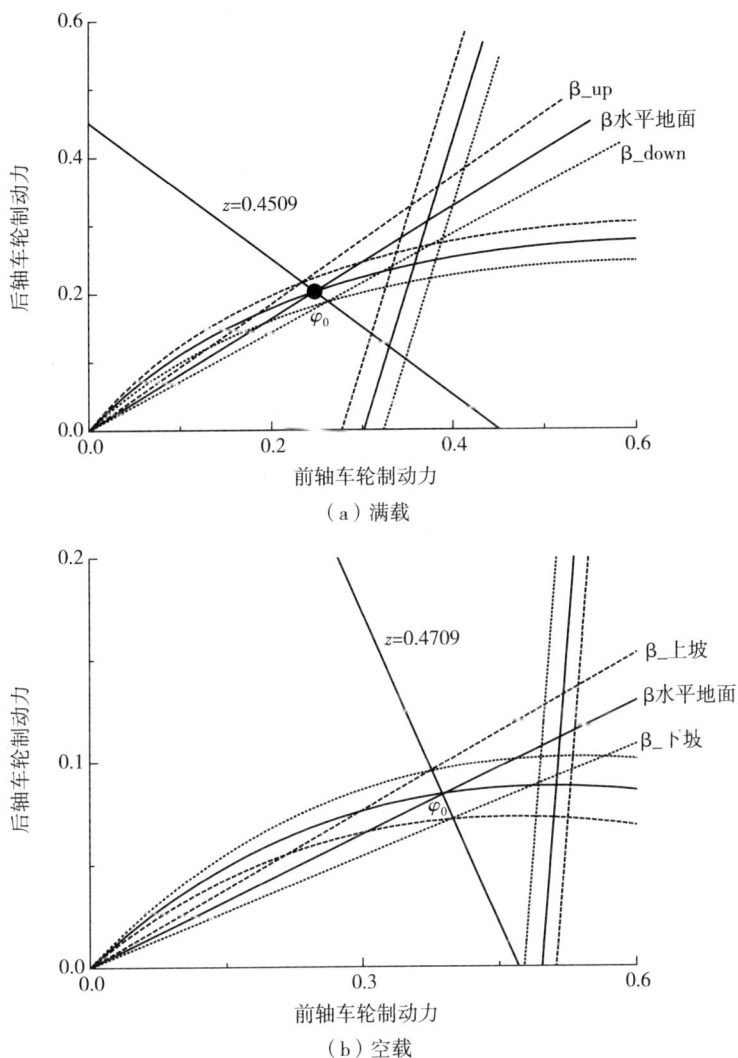

图 6-12 β线与 I 曲线及 f 线

本书所研究车辆在水平路面满载时 $\beta=0.55$，相应同步附着系数 $\varphi_{0\_load}=0.45$。由图 6-12 可知，若按照车辆在水平道路上满载时的 β 线进行制动，在上坡时，同步附着系数 $\varphi_0$ 偏大，β 线会远离实际 I 曲线，车辆制动效率偏低；在下坡时，同步附着系数 $\varphi_0$ 偏小，β 线会比较接近实际 I 曲线，但车辆利用地面附着系数偏低，制动时总是后轴先抱死，容易侧滑。在此，采用改变 β 线，车辆行驶中无论坡度如何变化，同步附着系数 $\varphi_0$ 均保持不变，取满载时 $\varphi_{0\_load}=0.45$，空载时 $\varphi_{0\_unload}=0.47$。

4. 基于前轴制动力最大化（$F_{fmax}$）制动策略

本书所研究矿车由前轴独立制动而不抱死的极限制动强度 $z$ 大于 0.2，满足车辆实验路况制动需求。因此，参照公路纯电动汽车前轴最大制动力策略，当制动强度小于 0.2 时，全部采用前轴制动，后轴制动力为 0，当制动强度大于 0.2 时，采用前后轴共同制动。

# 6.4 仿真分析

仿真车辆相关参数见表 6-1 所列，其余见表 3-1 所列。

表 6-1 纯电动矿车主要参数

| 参　数 | 数　值 |
| --- | --- |
| 质心高度 $h_g$ | 1.8m（满载），1.5m（空载） |
| 轴距 $L$ | 6m |
| 质心距前轴距离 $a$ | 2.45m（满载），1.78m（空载） |
| 质心距后轴距离 $b$ | 3.55m（满载），4.72m（空载） |
| 地面附着系数 $\varphi$ | 0.6 |

车辆再生能量回收潜力除受车型参数影响外，还受行驶工况影响。本节采用 3.5.2 中所建立的纯电动矿车行驶工况。

## 6.4.1 最大车速水平路面不同制动强度制动仿真

假设车辆在满载和空载时以最大车速 $v_0 = 15\text{km/h}$ 运行，分别以制动强度 $z=0.05$、$z=0.1$、$z=0.15$ 进行制动（由于所研究车辆车速较低，且工况制动强度 $z<0.15$，车辆保留机械制动，紧急制动时为保证制动安全可靠，采用纯机械制动，因此本书不对制动强度 $z>0.15$ 的情况进行讨论）。

1. 制动能量回收比较

车辆满载时不同策略回收能量情况如图 6-13 所示。在制动强度为 $z=0.05$、$z=0.1$ 时，基于 $F_{fmax}$ 的制动策略回收能量最多，其次是基于 I 曲线和基于 β 线的制动策略，基于车速的制动策略回收能量最少；$z=0.15$ 时，基于 I 曲线和基于

β 线的制动策略回收能量最多，其次是基于车速的制动策略，基于 $F_{fmax}$ 的制动策略回收能量最少。

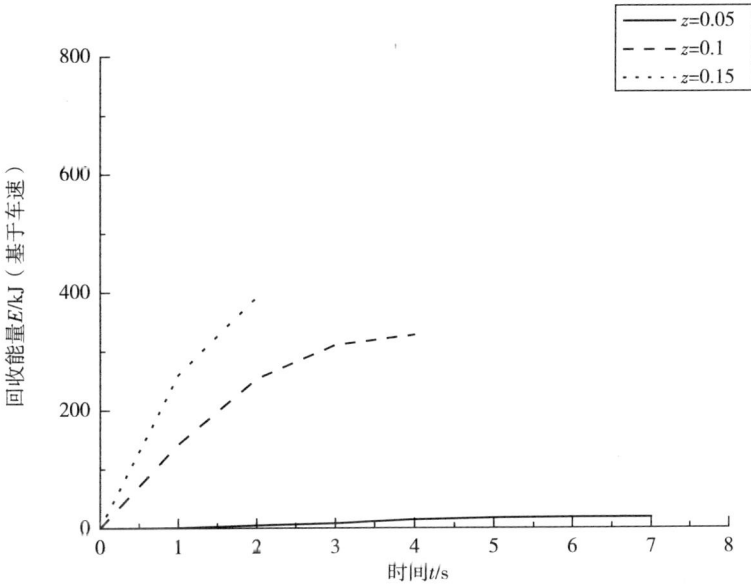

（a）基于车速

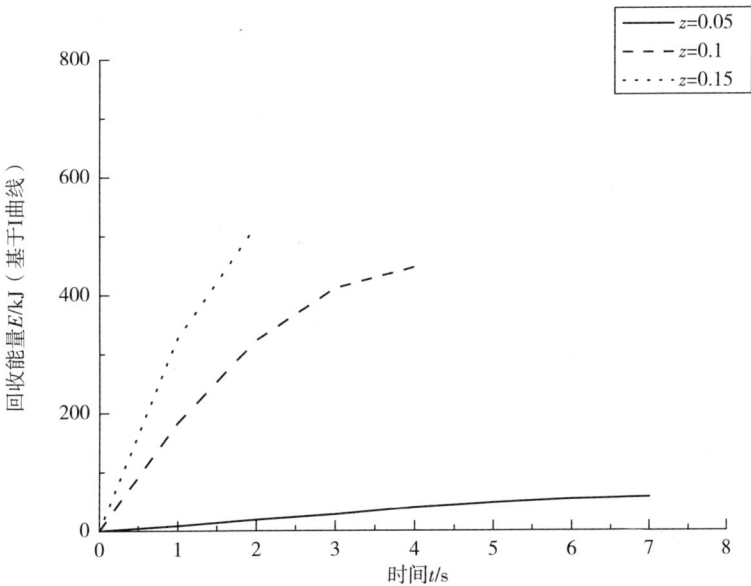

（b）基于I曲线

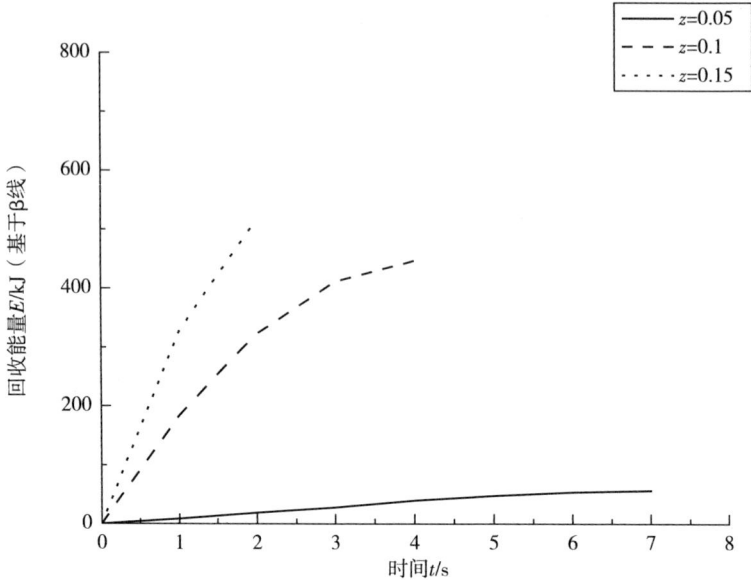

（c）基于β线

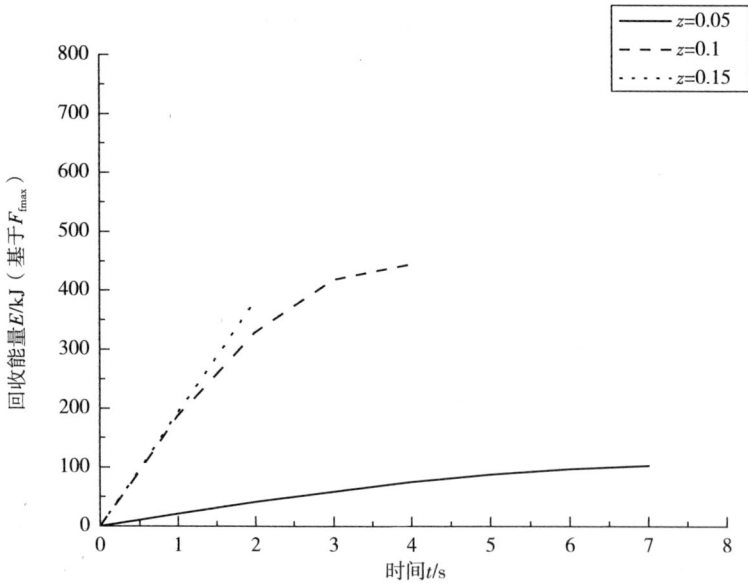

（d）基于$F_{fmax}$

图 6-13　满载时不同策略回收能量情况

车辆空载时不同策略回收能量情况如图 6-14 所示。当车辆处于空载时，在三种制动强度下，基于$F_{fmax}$的制动策略回收能量最多，其次是基于 I 曲线和基于

β 线的制动策略，基于车速的制动策略回收能量最少。无论采用何种制动策略，车辆所回收的制动能量随制动强度的增加而增加，这主要是由于该矿车行驶道路滚动阻力较大，在制动强度较小时，所需制动力较小，制动时间和制动距离较长，车辆克服滚动阻力所需的能量越多，可回收的再生制动能量就越少。

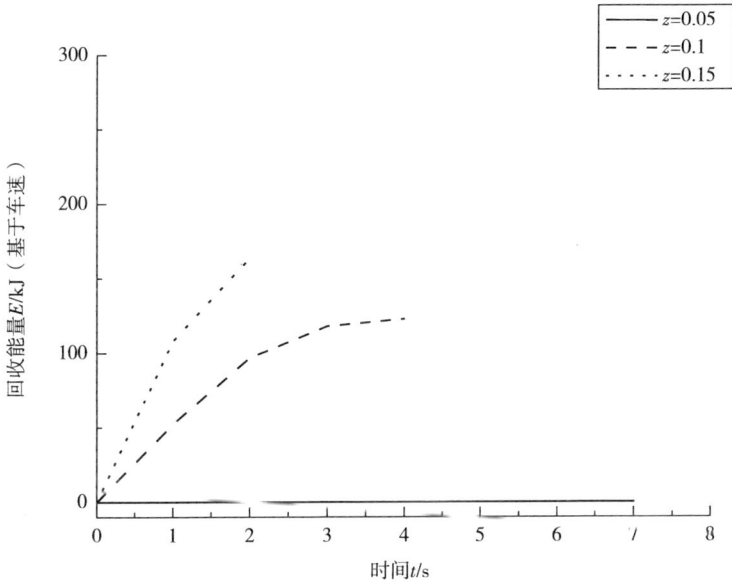

（a）基于车速

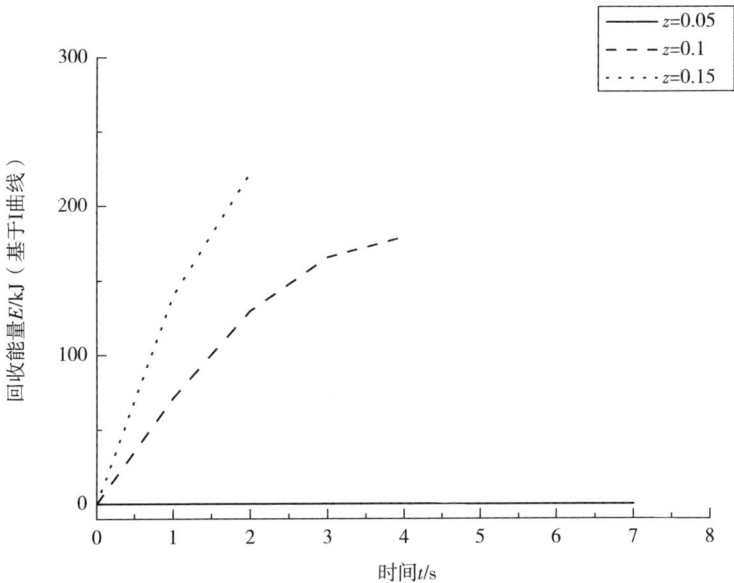

（b）基于I曲线

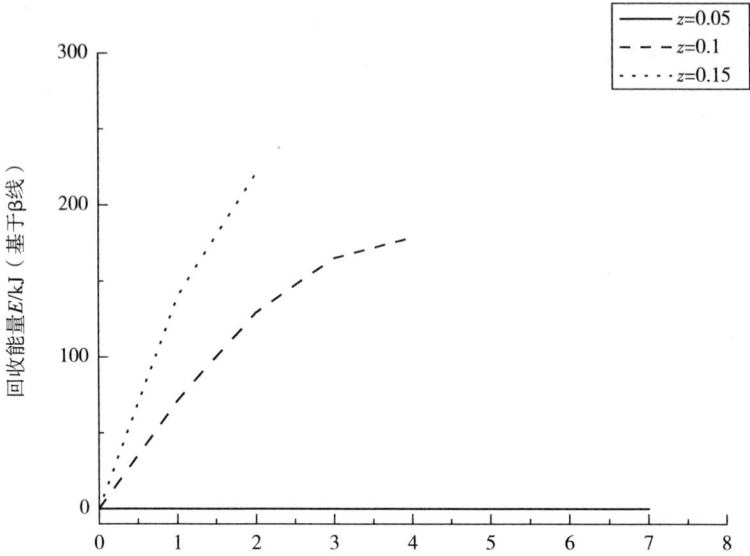

（c）基于β线

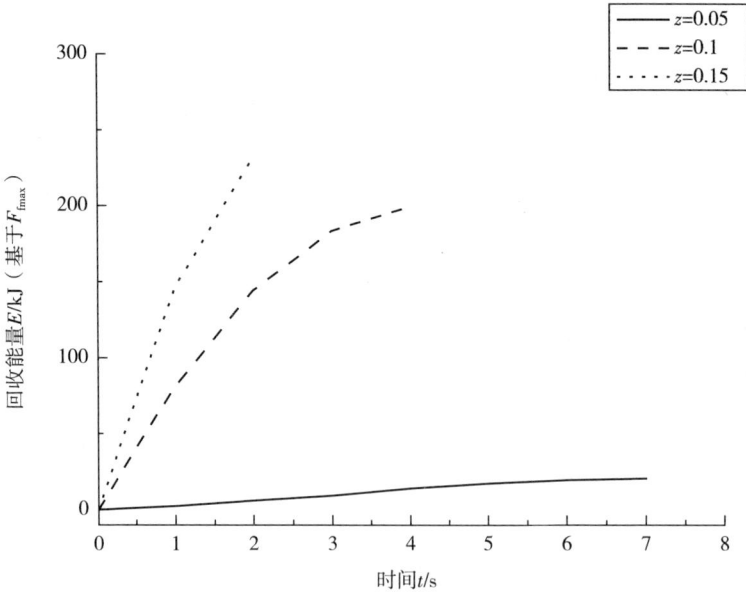

（d）基于$F_{fmax}$

图 6-14　空载时不同策略回收能量情况

同一制动策略在不同制动强度下的能量回收情况见表 6-2 所列。从表 6-2 可见，除$F_{fmax}$策略外，车辆无论满载还是空载，随着制动强度的增加，制动能量回收效率均随之增加，能量回收率最高可达 59.6%；$F_{fmax}$ 策略在制动强度较大（$z=0.15$）时，再生制动力无法满足满载制动力需求，能量回收效率下降，但在空载时，再生制动力能够满足制动需求，能量回收效率仍然最高。

表 6-2 同一制动策略在不同制动强度下的能量回收情况

| 制动策略 | | 制动强度 | | | | | |
|---|---|---|---|---|---|---|---|
| | | $z=0.05$ | | $z=0.1$ | | $z=0.15$ | |
| | | 满载 | 空载 | 满载 | 空载 | 满载 | 空载 |
| 基于车速 | 回收能量 | 17.7 | 0.0 | 310.1 | 117.9 | 392.3 | 163 4 |
| | 车辆动能 | 868.1 | 390.6 | 868.1 | 390.6 | 868.1 | 390.6 |
| | 回收比例 | 2.0% | 0.0% | 35.7% | 30.2% | 45.2% | 41.8% |
| 基于 I 曲线 | 回收能量 | 56.5 | 0.0 | 411.4 | 165.4 | 517.5 | 221.7 |
| | 车辆动能 | 868.1 | 390.6 | 868.1 | 390.6 | 868.1 | 390.6 |
| | 回收比例 | 6.5% | 0.0% | 47.4% | 42.3% | 59.6% | 56.8% |
| 基于 β 线 | 回收能量 | 56.5 | 0.0 | 411.3 | 165.0 | 517.4 | 221.0 |
| | 车辆动能 | 868.1 | 390.6 | 868.1 | 390.6 | 868.1 | 390.6 |
| | 回收比例 | 6.5% | 0.0% | 47.4% | 42.2% | 59.6% | 56.6% |
| 基于 $F_{fmax}$ | 回收能量 | 105.0 | 21.4 | 445.3 | 199.9 | 383.1 | 232.9 |
| | 车辆动能 | 868.1 | 390.6 | 868.1 | 390.6 | 868.1 | 390.6 |
| | 回收比例 | 12.1% | 5.5% | 51.3% | 51.2% | 44.1% | 59.6% |

\* 车辆动能计算公式：$E_k = \frac{1}{2} m v_0^2$

**2. 制动力分配比较**

下面以制动强度为 $z=0.15$ 为例，说明车辆满载和空载时不同制动策略前后轴制动力及再生制动力情况，如图 6-15 和图 6-16 所示。

在制动强度 $z=0.15$ 时，基于 I 曲线和基于 β 线制动策略的制动力由前后轴同时提供，无论满载或空载，前轴、后轴所需制动力完全由再生制动力提供；基于 $F_{fmax}$ 制动策略的制动力全部由前轴提供，制动开始时，驱动电机转速较高，由式（6-2）可知此时驱动电机处于恒功率运行阶段，驱动电机所能提供的转矩较小，车辆满载时所需制动力较大，驱动电机不足以提供所需制动力，空载时所需制动力较小，再生制动力能够满足前轴制动力需求；基于车速的并联制动策略所需制动力始终由前后轴再生制动力和机械制动力共同提供，随着车速降低，所分配和提供的再生制动力随之降低。

综上可见，车辆制动时分配的再生制动力及再生制动系统可提供的再生制动力越大，回收再生制动能量的潜力就越大。

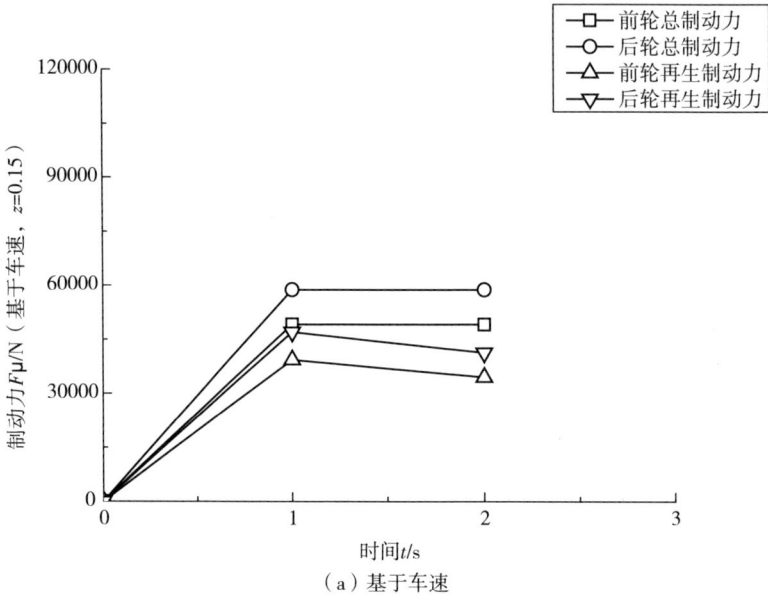

（a）基于车速

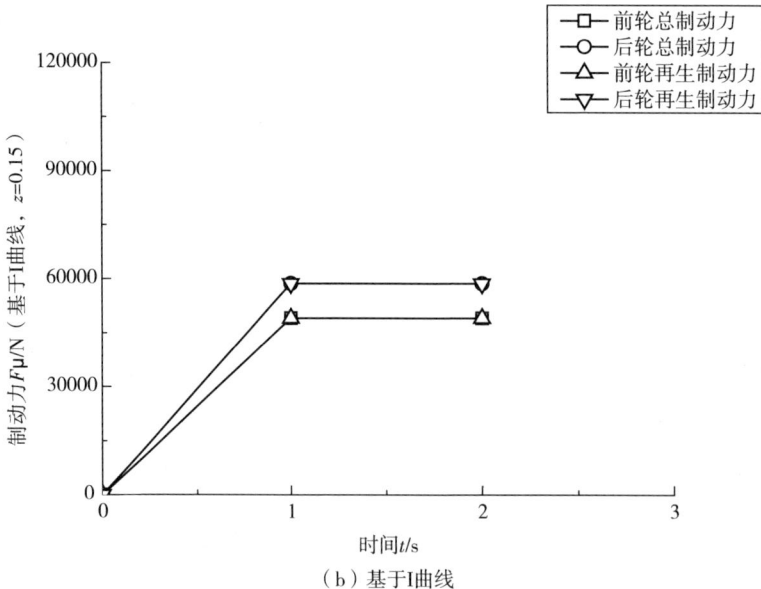

（b）基于I曲线

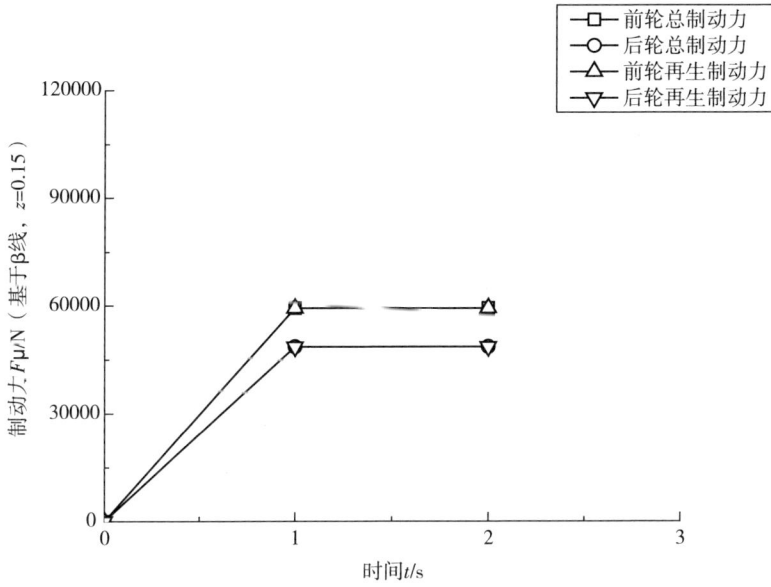

（c）基于β线

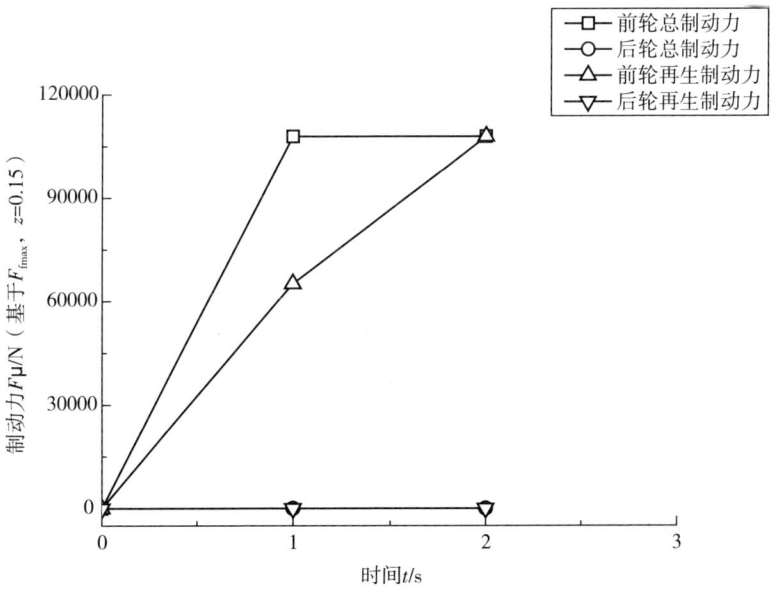

（d）基于$F_{\text{fmax}}$

图 6-15　满载时不同策略制动力分配情况

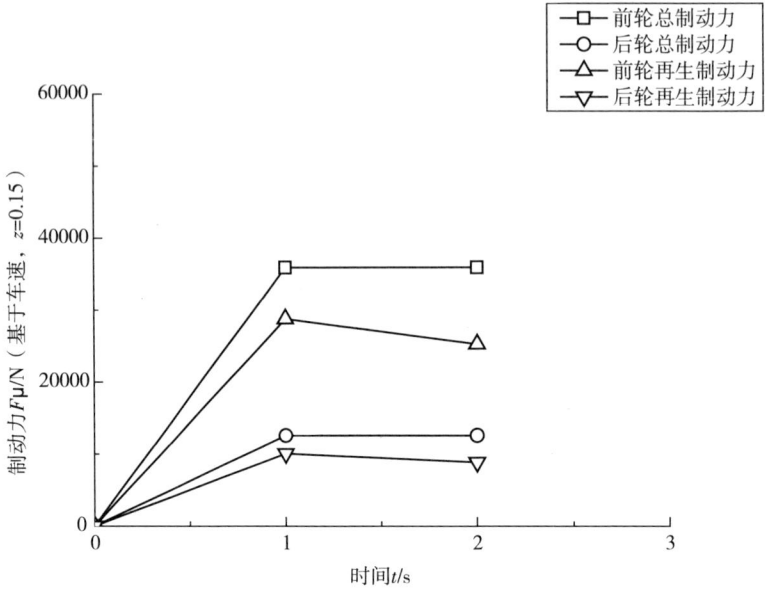

（a）基于车速

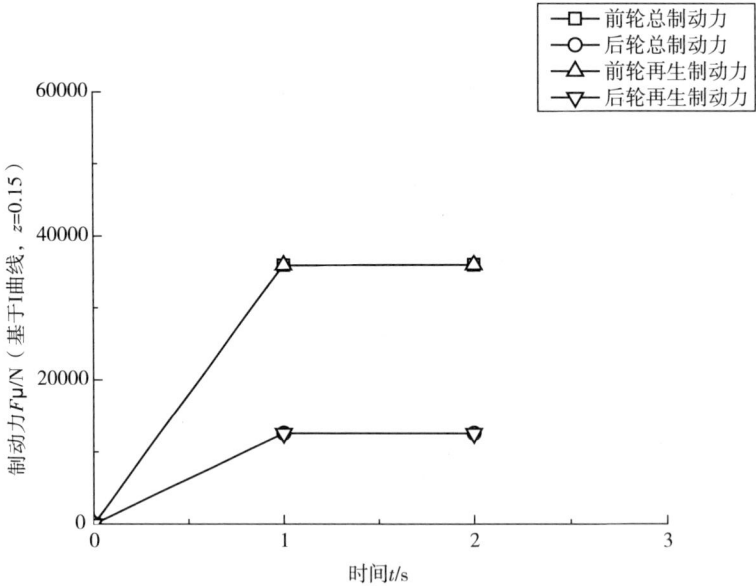

（b）基于I曲线

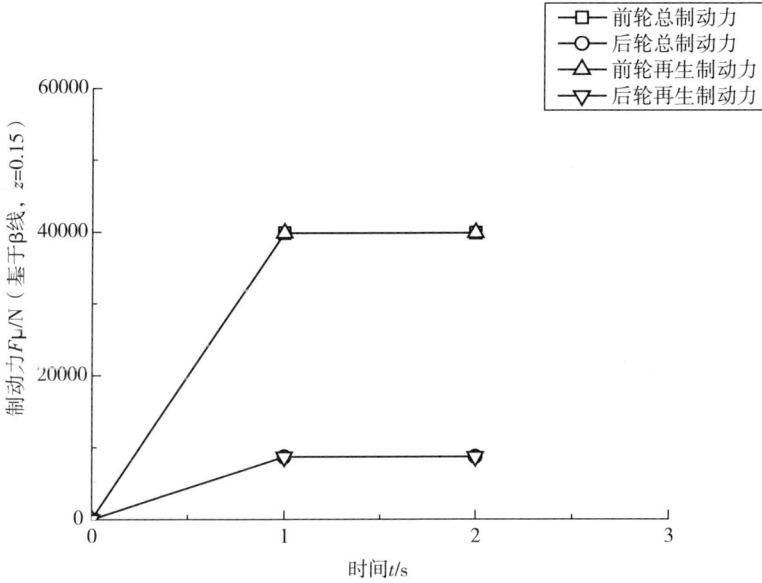

（c）基于β线

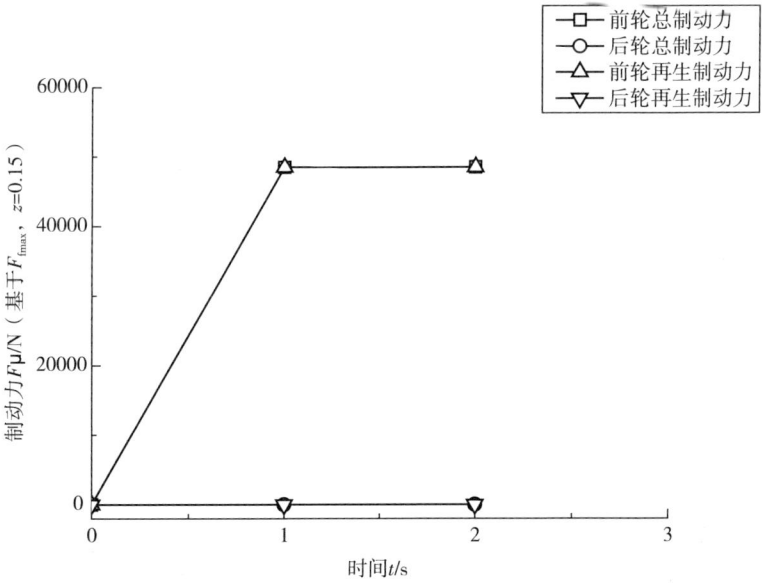

（d）基于$F_{fmax}$

图 6 - 16  空载时不同策略制动力分配情况

## 6.4.2 行驶工况仿真

### 1. 制动能量回收比较

车辆采用不同制动策略在满载及空载时行驶工况回收制动能量情况见表6-3所列。从表6-3可见，对于实际工况，基于$F_{fmax}$的制动策略回收能量最多，能量回收效率最高，基于I曲线和基于β线的制动策略次之，基于车速的并联制动策略回收能量最少。从表6-3还可以看出，对于同一制动策略，车辆满载时制动能量回收率大于空载时的制动能量回收率。这主要是由于在同等制动强度下，车辆空载时相比满载时所需的制动力小，所需要的驱动电机再生制转矩也小，此时驱动电机工作效率较低，导致能量回收效率降低。

表6-3 不同制动策略下行驶工况回收制动能量情况

| 再生制动策略 | | 工况 | | |
| --- | --- | --- | --- | --- |
| | | 满 载 | 空 载 | 往返一次 |
| 基于车速 | 回收能量 | 361.4 | 420.7 | 782.1 |
| | 制动能量 | 740.0 | 2778.0 | 3518.0 |
| | 回收率 | 48.8% | 15.1% | 22.2% |
| 基于I曲线 | 回收能量 | 501.6 | 783.5 | 1285.1 |
| | 制动能量 | 740.0 | 2778.0 | 3518.0 |
| | 回收率 | 67.8% | 28.2% | 36.5% |
| 基于β线 | 回收能量 | 501.6 | 783.0 | 1284.6 |
| | 制动能量 | 740.0 | 2778.0 | 3518.0 |
| | 回收率 | 67.8% | 28.2% | 36.5% |
| 基于$F_{fmax}$ | 回收能量 | 591.8 | 1464.3 | 2056.1 |
| | 制动能量 | 740.0 | 2778.0 | 3518.0 |
| | 回收率 | 80.0% | 52.7% | 58.4% |

### 2. 驱动电机制动效率比较

不同制动策略下车辆满载时前、后驱动电机制动效率见表6-4所列。从表6-4可以看出，基于前轴制动力最大化（$F_{fmax}$）制动策略采用前轴独立制动，相比双轴制动，驱动电机效率更高，针对所研究的行驶工况，由于车辆车速较低，行驶工况制动强度较小，前轴再生制动力完全可以满足制动力需求，因此，采用基于前轴制动力最大化（$F_{fmax}$）制动策略能够回收的制动能量最多，能量回收效率最高。

表 6-4 不同制动策略下前、后驱动电机制动效率

| 制动策略 | 驱动电机再生制动效率 | | | |
|---|---|---|---|---|
| | 满 载 | | 空 载 | |
| | 前电机 | 后电机 | 前电机 | 后电机 |
| 基于车速 | 60.76% | 69.79% | 36.02% | 2.41% |
| 基于 I 曲线 | 68.16% | 75.42% | 44.95% | 8.11% |
| 基于 β 线 | 74.68% | 69.43% | 50.60% | 0.42% |
| 基于 $F_{fmax}$ | 85.53% | 0.00% | 57.65% | 0.00% |

### 3. 整车能耗及蓄电池 SOC 变化

车辆满载、空载及往返一次整车能耗情况见表 6-5 所列。从表 6-5 可以看出，车辆采用再生制动往返一次相比无再生制动往返一次能耗降低了 1.06%～1.56%，因此采用再生制动可以降低整车能耗，提高车辆经济性能。

表 6-5 车辆行驶工况能耗情况

| 再生制动策略 | 工况总能耗 | | | 相比无再生制动降低比例 |
|---|---|---|---|---|
| | 满 载 | 空 载 | 往返一次 | |
| 无再生制动 | 145850 | 42795 | 188645 | 0.00% |
| 基于车速 | 145630 | 41011 | 186641 | 1.06% |
| 基于 I 曲线 | 145630 | 40811 | 186441 | 1.17% |
| 基于 β 线 | 145630 | 40811 | 186441 | 1.17% |
| 基于 $F_{fmax}$ | 145580 | 40128 | 185708 | 1.56% |

车辆行驶工况往返一次蓄电池 SOC 变化曲线如图 6-17 所示。从图 6-17 可以看出，无再生制动时 SOC 下降最快，其次是基于车速的制动策略，基于 $F_{fmax}$ 制动策略的 SOC 下降最慢，节能效果最明显。

本章采用再生制动优先策略开发四种纯电动矿车再生制动控制策略并进行仿真实验。仿真结果显示，采用再生制动优先策略能够充分利用车辆所能提供的再生制动力，回收较多的制动能量；车辆所能够回收的再生制动能量同其所分配和提供的再生制动力成正比；针对本书所研究的纯电动双轴四驱矿用自卸车，由于

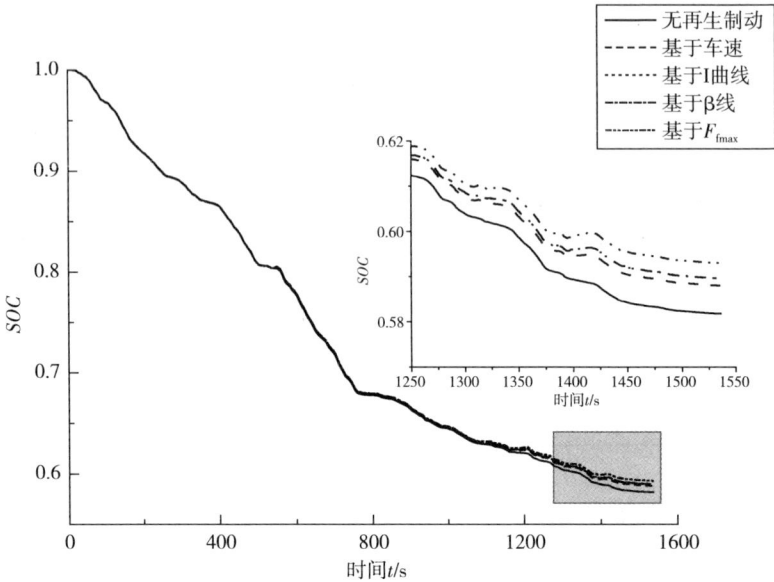

图 6-17   行驶工况往返一次蓄电池 SOC 变化比较

工作时车速低，制动强度小，所需制动力较小，驱动电机工作效率较低，而基于前轴制动力最大化（$F_{fmax}$）制动策略相比前后轴同时制动的基于 I 曲线和基于 β 线制动策略能够提高驱动电机制动效率，回收更多的制动能量；对于低速纯电动矿车，其行驶路况较差，滚动阻力较大，车辆行驶过程中的滚动阻力在其小制动强度及长下坡工况中会消耗较多的车辆动能和势能，使得可回收制动能量减少，在这种情况下，对其采用再生制动策略，车辆往返一次仍然可以降低能耗 1.06%～1.56%，使得车辆经济性能得到提高。

# 参 考 文 献

[1] 于保军，于文函，孙伦杰，等．"十三五"我国纯电动汽车战略规划分析 [J]．汽车工业研究，2018（2）：40-48.

[2] 徐红．中国石油大学（北京）石油工程学院副教授廖勤拙 实现智能化油气开采 降低石油对外依存度 [J]．中国高新科技，2023（7）：10-11.

[3] 李晓燕．京津冀地区雾霾影响因素实证分析 [J]．生态经济，2016，32（3）：144-150.

[4] 麻友良．新能源汽车动力电池技术（第2版） [M]．北京大学出版社，2020.

[5] 蔡松，霍伟强．纯电动汽车用动力电池分类及应用探讨 [J]．湖北电力，2012，36（2）：70-72.

[6] 赵阳，黄震雷，周恒辉．纯电动汽车动力电池系统的发展现状 [J]．新材料产业，2015（6）：37-41.

[7] 李飞泉，田玉冬，邬建海．纯电动汽车核心技术发展状况 [J]．汽车电器，2016（8）：6-9+13.

[8] 张琦，王金全．超级电容器及应用探讨 [J]．电气技术，2007（8）：67-70.

[9] 石庆升．纯电动汽车能量管理关键技术问题的研究 [D]．山东大学，2009.

[10] 程广宇，高志前．国外支持电动汽车产业发展政策的启示 [J]．中国科技论坛，2013（1）：157-160.

[11] 邓立治，刘建锋．美日新能源汽车产业扶持政策比较及启示 [J]．技术经济与管理研究，2014（6）：77-82.

[12] 张雷，张冬明，董伟栋．美国电动汽车研发及财税支持政策研究 [J]．汽车工业研究，2015（2）：20-25.

［13］朱一方，方海峰．美国电动汽车扶持政策研究及对我国的借鉴意义［J］．汽车工业研究，2013（8）：30-33.

［14］杨方，张义斌，葛旭波．中美日电动汽车发展趋势及特点分析［J］．能源技术经济，2011，23（7）：40-44.

［15］张长令，张建杰，卢强．美国特斯拉快速成长的原因分析——基于消费者需求的视角［J］．汽车工业研究，2014（4）：4-9.

［16］李晓慧，彭洁，贺德方．日本电动汽车的发展现状及政策规划［J］．全球科技经济瞭望，2015，30（4）：43-47.

［17］方旸．日本汽车产业发展研究及对我国的借鉴意义［J］．内燃机与配件，2018（4）：195-196.

［18］刘兆国，韩昊辰．中日新能源汽车产业政策的比较分析——基于政策工具与产业生态系统的视角［J］．现代日本经济，2018，37（2）：65-76.

［19］洪凯，朱珺．日本电动汽车产业的发展与启示［J］．现代日本经济，2011（3）：62-70.

［20］陈翌，孔德洋．德国新能源汽车产业政策及其启示［J］．德国研究，2014，29（1）：71-81+127.

［21］郭星成．新能源电动汽车的"德国思维"［J］．中国产业，2012（12）：31.

［22］庞德良，刘兆国．德国汽车产业可持续发展的经验与启示［J］．环境保护，2014，42（21）：69-71.

［23］薛彦平．欧盟新能源产业与中欧新能源合作［J］．全球科技经济瞭望，2014，29（6）：1-7.

［24］刘卓然，陈健，林凯，等．国内外电动汽车发展现状与趋势［J］．电力建设，2015，36（7）：25-32.

［25］徐长明，李伟利，殷丹，等．"十二五"期间新能源汽车产业发展回顾［J］．中国物流与采购，2018（5）：64-67.

［26］孙博，胡顺安，周俊，等．国内非公路矿用自卸车发展现状研究［J］．煤矿机械，2010，31（8）：15-16.

［27］王领，樊庆琢，宫站伟．矿用自卸车发展历程与技术升级路径［J］．工程机械与维修，2015（7）：62-64.

［28］郝永亮．中国非公路矿用汽车产业发展战略研究［D］．内蒙古大

学，2013.

[29] 曹秉刚，张传伟，白志峰，等. 电动汽车技术进展和发展趋势 [J]. 西安交通大学学报，2004 (1)：1-5.

[30] 赵雷雷，王斌. 纯电动卡车技术发展的分析与研究 [J]. 汽车实用技术，2013 (2)：19-22.

[31] 王诗恩，何仁. 电动汽车的关键技术 [J]. 江苏大学学报（自然科学版），1996，43 (5)：35-40.

[32] Ren G，Ma G，Cong N. Review of electrical energy storage system for vehicular applications [J]. Renewable and Sustainable Energy Reviews，2015，41 (Jan.)：225-236.

[33] Tie F S，Tan W C. A review of energy sources and energy management system in electric vehicles [J]. Renewable and Sustainable Energy Reviews，2013 (20)：82-102.

[34] Chau K，Wong Y. Hybridization of energy sources in electric vehicles [J]. Energy Conversion and Management，2001，42 (9)：1059-1069.

[35] 吴志伟，张建龙，吴红杰，等. 低速电动汽车混合能源存储系统效率分析 [J]. 上海交通大学学报，2012，46 (8)：1304-1309.

[36] 闵海涛，刘杰，于远彬，等. 混合动力汽车复合电源参数优化与试验研究 [J]. 汽车工程，2011，33 (12)：1078-1083.

[37] 王庆年，曲晓冬，于远彬. 基于目标工况的复合电源混合动力客车优化匹配 [J]. 吉林大学学报（工学版），2013，48 (5)：1153-1159.

[38] Ferreira A A，Pomilio A J，Spiazzi G，et al. Energy Management Fuzzy Logic Supervisory for Electric Vehicle Power Supplies System [J]. IEEE Transactions on Power Electronics，2008，23 (1)：107-115.

[39] 杨培刚，周育才，刘志强，等. 基于 ADVISOR 的纯电动汽车复合电源建模与仿真 [J]. 电力科学与技术学报，2015，30 (3)：66-71.

[40] 王祥，孙玉坤，王琪. 基于 ADVISOR 的混合动力汽车复合电源二次开发 [J]. 电测与仪表，2014，51 (14)：96-99+115.

[41] Z. T，N. S，M. A. H，et al. Fuzzy Logic Based Energy Management System for Hybrid Electric Vehicle [J]. Review of Energy Technologies and Policy Research，2015，2 (2)：29-36.

[42] 于远彬，王庆年. 基于 Advisor 的仿真软件的二次开发及其在复合电源混合动力汽车上的应用 [J]. 吉林大学学报（工学版），2005（4）：353-357.

[43] Song Z，Hofmann H，Li J，et al. Energy management strategies comparison for electric vehicles with hybrid energy storage system [J]. Applied Energy，2014（134）：321-331.

[44] 石庆升，张承慧，崔纳新. 新型双能量源纯电动汽车能量管理问题的优化控制 [J]. 电工技术学报，2008（8）：137-142.

[45] 李军求，孙逢春，张承宁，等. 纯电动大客车超级电容器参数匹配与实验 [J]. 电源技术，2004（8）：483-486+507.

[46] 张卫，杨珏，张文明，等. 纯电动汽车蓄电池—超级电容复合能源系统研究 [J]. 电测与仪表，2019，56（3）：82-90.

[47] Song Z，Hofmann H，Li J，et al. Optimization for a hybrid energy storage system in electric vehicles using dynamic programing approach [J]. Applied Energy，2015（139）：151-162.

[48] Junzhi Z，Yutong L，Chen L，et al. New regenerative braking control strategy for rear-driven electrified minivans [J]. Energy Conversion and Management，2014（82）：135-145.

[49] González-Gil A，Palacin R，Batty P. Sustainable urban rail systems：Strategies and technologies for optimal management of regenerative braking energy [J]. Energy Conversion and Management，2013（75）：374-388.

[50] Wei Z，Xu J，Halim D. Braking force control strategy for electric vehicles with load variation and wheel slip considerations [J]. IET Electrical Systems in Transportation，2017，7（1）：41-47.

[51] Qiu C，Wang G，Meng M，et al. A novel control strategy of regenerative braking system for electric vehicles under safety critical driving situations [J]. Energy，2018（149）：329-340.

[52] Guo J Z，Yue D D，Wu B J. Optimization of Regenerative Braking Control Strategy for Pure Electric Vehicle [J]. Applied Mechanics and Materials，2017（4518）：331-336.

[53] Lv C，Zhang J，Li Y，et al. Mechanism analysis and evaluation methodology of regenerative braking contribution to energy efficiency improvement of

electrified vehicles [J]. Energy Conversion and Management，2015 (92)：469 - 482.

[54] 刘丽君，姬芬竹，杨世春，等. 基于 ECE 法规和 I 曲线的机电复合制动控制策略 [J]. 北京航空航天大学学报，2013，39 (1)：138 - 142.

[55] 郭金刚，王军平，曹秉刚. 电动车最大化能量回收制动力分配策略研究 [J]. 西安交通大学学报，2008 (5)：607 - 611.

[56] 刘志强，过学迅. 纯电动汽车电液复合再生制动控制 [J]. 中南大学学报 (自然科学版)，2011，42 (9)：2687 - 2691.

[57] Shen J，Dusmez S，Khaligh A. Optimization of Sizing and Battery Cycle Life in Battery/Ultracapacitor Hybrid Energy Storage Systems for Electric Vehicle Applications [J]. IEEE Transactions on Industrial Informatics，2014，10 (4)：2112 - 2121.

[58] Xudong Z，Dietmar G，Jiayuan Li. Energy-Efficient Toque Allocation Design of Traction and Regenerative Braking for Distributed Drive Electric Vehicles [J]. IEEE Transactions on Vehicular Technology，2018，67 (1)：285 - 295.

[59] 李蓬. 轻度混合动力电动汽车制动能量回收控制策略仿真 [D]. 清华大学，2005.

[60] 赵轩，马建，汪贵平. 基于制动驾驶意图辨识的纯电动客车复合制动控制策略 [J]. 交通运输工程学报，2014，14 (4)：64 - 75.

[61] Wei J C，Liang C，Cheng Z F，et al. Regenerative Braking System for a Pure Electric Bus [J]. Applied Mechanics and Materials，2014，3082 (543 - 547)：1405 - 1408.

[62] 宋百玲，周学升，李佳，等. 纯电动轻型卡车再生制动系统的仿真与控制策略 [J]. 汽车安全与节能学报，2015，6 (1)：85 - 89.

[63] 叶敏，郭金刚. 电动汽车再生制动及其控制技术 [M]. 人民交通出版社，2013.

[64] 曾小华，王庆年. 新能源汽车关键技术 (第二版) [M]. 化学工业出版社，2023.

[65] 麻友良，严运兵. 电动汽车概论 [M]. 机械工业出版社，2012.

[66] 石良臣. MATLAB/Simulink 系统仿真超级学习手册 [M]. 人民邮电出版社，2014.

[67] 王震坡，孙逢春，邓钧君，等. 电动汽车原理与应用技术 (第 3 版)

［M］. 机械工业出版社，2023.

[68] 余志生. 汽车理论（第 6 版）［M］. 机械工业出版社，2024.

[69] 宋永华，阳岳希，胡泽春. 电动汽车电池的现状及发展趋势［J］. 电网技术，2011，35（4）：1-7.

[70] Atmaja D T，Amin. Energy Storage System Using Battery and Ultra-capacitor on Mobile Charging Station for Electric Vehicle［J］. Energy Procedia，2015（68）：429-437.

[71] 尚平，孙百虎，郝卓莉，等. 磷酸铁锂化学特性分析及在化学电池中的应用［J］. 电源技术，2014，38（9）：1619-1620.

[72] Johnson V. Battery performance models in ADVISOR［J］. Journal of Power Sources，2002，110（2）：321-329.

[73] 杨世春. 电动汽车基础理论与设计［M］. 清华大学出版社，2020.

[74] 曾小华，宫维钧. ADVISOR 2002 电动汽车仿真与再开发应用（第 2 版）［M］. 机械工业出版社，2017.

[75] 王兆安，刘进军. 电力电子技术（第 6 版）［M］. 机械工业出版社，2022.

[76] 杨军，解晶莹，王久林. 化学电源测试原理与技术［M］. 化学工业出版社，2006.

[77] 罗伟林，张立强，吕超，等. 锂离子电池寿命预测国外研究现状综述［J］. 电源学报，2013（1）：140-144.

[78] Bloom I，Cole B，Sohn J，et al. An accelerated calendar and cycle life study of Li-ion cells［J］. Journal of Power Sources，2001，101（2）：238-247.

[79] Wang J，Liu P，Hicks-Garber J，et al. Cycle-life model for graphite-LiFePO$_4$ cells［J］. Journal of Power Sources，2011，196（8）：3942-3948.

[80] Zhang Y，Wang C，Tang X. Cycling degradation of an automotive LiFePO$_4$ lithium-ion battery［J］. Journal of Power Sources，2011，196（3）：1513-1520.

[81] 罗玉涛，王峰，喻皓，等. 基于行驶工况的磷酸铁锂电池寿命模型研究［J］. 汽车工程，2015，37（8）：881-885.

[82] Cao J，Emadi. A New Battery/UltraCapacitor Hybrid Energy Storage System for Electric，Hybrid，and Plug-In Hybrid Electric Vehicles［J］. IEEE

Transactions on Power Electronics，2012，27（1）：122 – 132.

[83] 曹秉刚，曹建波，李军伟，等. 超级电容在电动车中的应用研究[J]. 西安交通大学学报，2008（11）：1317 – 1322.

[84] 刘军，李金飞，俞金寿. 无刷直流伺服电机四象限运行分析[J]. 上海交通大学学报，2009，43（12）：1910 – 1915.

[85] 王晓峰. 主从能源电动汽车能源匹配研究[D]. 哈尔滨工业大学，2006.

[86] 胡建军，肖军，晏玖江. 纯电动车车用复合储能装置控制策略及参数优化[J]. 重庆大学学报，2016，39（1）：1 – 11.

[87] 甄娜. 面向后驱动复合电源电动汽车仿真的 ADVISOR 二次开发研究[D]. 长安大学，2011.

[88] 张昌利，张瑾瑾，刘海波. ADVISOR 深度二次开发与双能量源纯电动汽车仿真[J]. 中南大学学报（自然科学版），2012，43（9）：3464 – 3471.

[89] Trovão P J，Pereirinha G P，Jorge M H，et al. A multi-level energy management system for multi-source electric vehicles-An integrated rule-based meta-heuristic approach [J]. Applied Energy，2013，105（2）：304 – 318.

[90] Jaafar A，Akli，et al. Sizing and Energy Management of a Hybrid Locomotive Based on Flywheel and Accumulators [J]. IEEE Transactions on Vehicular Technology，2009，58（8）：3947 – 3958.

[91] Hredzak B，Agelidis，et al. A Model Predictive Control System for a Hybrid Battery-Ultracapacitor Power Source [J]. IEEE Transactions on Power Electronics，2014，29（3）：1469 – 1479.

[92] Moreno J，Ortuzar E M，Dixon W J. Energy-management system for a hybrid electric vehicle，using ultracapacitors and neural networks [J]. IEEE Transactions on Industrial Electronics，2006，53（2）：614 – 623.

[93] 冯彦彪. 串联式混合动力矿用自卸车性能及燃油成本分析[D]. 北京科技大学，2017.

[94] 张晓江，顾绳谷. 电机及其拖动基础：下册（第 5 版）[M]. 机械工业出版社，2022.

[95] 王猛，孙泽昌，卓桂荣，等. 电动汽车制动能量回收最大化影响因素分析[J]. 同济大学学报（自然科学版），2012，40（4）：583 – 588.

［96］张文春，徐立友．汽车理论（第3版）［M］．机械工业出版社，2018.

［97］孙大许，兰凤崇，陈吉清．基于I线制动力分配的四驱纯电动汽车制动能量回收策略的研究［J］．汽车工程，2013，35（12）：1057-1061.

［98］姚亮，初亮，周飞鲲，等．纯电动轿车制动能量回收节能潜力仿真分析［J］．吉林大学学报（工学版），2013，43（1）：6-11.